ANDREA BORDIN

# CLOSE PROTECTION

ETICHETTA | LOGISTICA | PROTOCOLLI | TECNICHE
LA GUIDA DEFINITIVA PER LAVORARE COME CPO

la case books

Andrea Bordin
Close Protection
Etichetta. Logistica. Protocolli. Tecniche
La guida definitiva per lavorare come CPO

ISBN 978-1-953546-98-2
1a Edizione

LA CASE Books
PO BOX 931416, Los Angeles, CA, 90093.
info@lacasebooks.com
www.lacasebooks.com

*A mamma Claudia e a Michela che mi hanno*
*sempre supportato e sopportato*

CLOSE PROTECTION

# PREFAZIONE

Sono le 22.00 e mi ritrovo a guardare il panorama dal ventiquattresimo piano di una camera d'albergo. Sotto, risplendono le luci di Hong Kong e dritta a me si estende la sua poderosa baia. È una strana sensazione essere soli in una città del genere. Così penso a dove potrebbe essere Andrea in questo momento . Un messaggio attraversa il mondo e i fusi orari. Poco dopo ricevo una risposta: "Sono in Somalia."

Solo un paio di mesi prima ci eravamo incontrarti quasi per caso a New York e pochi giorni dopo avevamo cenato assieme a Padova. Proprio in quella occasione mi aveva accennato al fatto che stava scrivendo un libro. Così gli dissi di spedirmelo appena pronto, lo avrei letto volentieri. E ora eccomi qui a scrivere l'introduzione per quello che è diventato il manuale che state per leggere.

La capacità di Andrea è quella di rendere affascinante una lettura che invece dovrebbe essere riservata solo agli addetti ali lavori. Questo manuale infatti è indispensabile per chi vuole entrare in un mondo che le persone normali considerano quasi da film. Lo è per chi ci è appena entrato, ma lo è anche per chi ci lavora da anni. Ci troverete tutto quello che un professionista deve sapere per svolgere in maniera perfetta il suo lavoro.

Alla fine però mi sento di consigliarlo un po' a tutti perché, anche se quello del CPO non sarà mai il vostro lavoro, potreste rimanere affascinati da un mestiere capace di riservare molte sorprese.

Ma la cosa più bella che potreste fare, quella che davvero mi sentirei di consigliarvi, sarebbe di ascoltare direttamente Andrea e tutto quello che ha da raccontarvi. E io mi auguro di cuore, che Andrea nelle sue future presentazioni possa raccontarvi un po' del suo folle mondo.

Se vi capiterà di essere lì chiedeteglielo, alzate la mano, fategli delle domande. Fatevi raccontare le sue storie. Le risposte, vi aiuteranno a riflettere su molte cose. Questo ve lo garantisco.

CARLO CALLEGARI

# INDICE

CLOSE PROTECTION

# INTRODUZIONE

Tecnicamente quello che stai per leggere è un manuale, ma in realtà è molto di più. In queste pagine infatti ho cercato di sintetizzare una vita di lavoro e ti posso assicurare che non è stato per niente facile.

Il mio lavoro, come probabilmente hai già capito, consiste nel proteggere le vite degli altri. Lo faccio da più di vent'anni in ogni parte del mondo, soprattutto in Paesi che, usando un eufemismo, potremmo definire "problematici" da un punto di vista della stabilità politica. Paesi in cui tutti giorni vedi cose che non vorresti vedere, vivi situazioni che non vorresti vivere, incontri persone ben oltre la soglia della disperazione e vieni a contatto con quella che Hannah Arendt ha definito "la banalità del male".

D'altro canto ho avuto anche la possibilità di fare tante esperienze straordinarie, di conoscere persone speciali, di visitare luoghi incredibili e di vedere quello che mi piace definire "il mondo vero", scoprendo che è completamente diverso da quello che ogni giorno ci limitiamo a spiare attraverso i social network o la tv.

Non è mai stato facile, questo te lo garantisco, ma dentro

di me sento che in questi anni ho intrapreso un percorso che mi ha cambiato e mi ha fatto crescere. Ho avuto la fortuna di incontrare colleghi che non esito a definire maestri, persone fuori dal comune che mi hanno insegnato tanto, permettendomi di migliorare come professionista e come uomo.

Se ora sono qui a scrivere questa introduzione, cercando di lottare col sonno in piena notte di fronte al pc in un appartamento spartano che guarda dall'alto una sofferente capitale mediorientale (mi dispiace ma non posso dirti quale), penso di poter dire di essere stato fortunato. Fortunato perché durante il mio cammino ho incontrato tante persone che hanno accettato di condividere con me una parte del loro percorso, una parte della loro vita. È anche grazie a loro se dopo tanti anni e tante missioni in giro per il mondo sono qui a raccontare la mia esperienza.

Con questo libro voglio condividere con te una parte delle mie esperienze accumulate sul campo. Perché so quanto è importante avere qualcuno o qualcosa su cui poter fare affidamento quando si è in missione a migliaia di chilometri da casa.

Non voglio raccontarti bugie: lavorare nel mondo della protezione non è uno scherzo, non è divertente. Dimentica gli stereotipi cinematografici alla James Bond o alla Arnold Schwarzenegger. Quella è fiction, questa è la vita vera. Credimi quando ti dico che questa è una professione faticosa e difficile, una professione che mette alla prova anche le persone più forti, ma che allo stesso tempo ti permette di capire chi sei veramente. Quello della Close Protection è un mondo che richiede professionalità, umiltà e dedizione.

Hai tra le mani un manuale che può costituire un importante punto di partenza per capire le mille problematiche di chi opera nel mondo della protezione, per conoscere i rischi di questo mestiere e per iniziare a capire se sei davvero tagliato per fare una vita del genere.

Ti posso assicurare che quando ho iniziato mi avrebbe fatto davvero comodo poter contare su un testo del genere.

Per questo motivo ti consiglio di leggerlo con attenzione, gli insegnamenti che troverai nelle prossime pagine potrebbero esserti molto più utili di quanto tu possa immaginare.

# UN PO' DI STORIA PRIMA DI COMINCIARE

La maggior parte delle persone pensa che il lavoro di guardia del corpo, il famoso bodyguard, sia un lavoro relativamente nuovo, moderno. Un qualcosa nato più o meno nei primi decenni del secolo scorso. Non è affatto così. La guardia del corpo è una figura professionale che può essere fatta risalire a migliaia di anni fa, è in effetti una delle professioni più antiche che l'uomo conosca.

Per comprenderne la storia è fondamentale capire il vero significato dell'espressione "guardia del corpo". L'Oxford English Dictionary definisce il termine bodyguard in questo modo:

*"Una persona o un gruppo di persone che scortavano e proteggevano un'altra persona, soprattutto un dignitario".*

Memorizziamo questa definizione e andiamo a vedere insieme alcuni dei personaggi storici che nel corso dei secoli hanno utilizzato guardie del corpo professionali a tutti gli effetti.

## GIULIO CESARE (Circa 100 AC)

Al culmine della sua carriera di generale e dittatore dell'Impero Romano Giulio Cesare utilizzava i servizi di circa duemila guardie del corpo. Purtroppo per lui molti di loro hanno cospirato per ucciderlo il 15 marzo del 44 a.c.

## SPARTACO (Circa 74 -71. AC)

Spartaco era un bandito e uno schiavo che aveva studiato come gladiatore. Si ribellò a Roma creando un esercito di 90.000 schiavi. Il suo team di protezione era costituito da compagni che fuggirono insieme a lui dalla sua stessa scuola gladiatoria di Capua, Italia.

## ATTILA (Circa 406-453)

Attila divenne re degli Unni nel 434. Per i successivi 20 anni i membri della sua tribù nomade lo protessero permettendogli di conquistare e saccheggiare gran parte dell'Europa.

## EL CID (Circa 1040-1099)

Soldato spagnolo ed eroe nazionale (vero nome Rodrigo Diaz de Vivar), è una figura celebrata in alcune delle più belle ballate della Spagna. El Cid si circondò di un esercito di guardie del corpo prodi e leali.

## GENGIS KHAN (Circa 1162-1227)

Originariamente chiamato Temujin, Gengis Khan era a capo dell'Impero Mongolo, il più grande impero che la storia ricordi, tanto che nel 2000 è stato nominato "uomo del millennio". Ha raggiunto il successo con una leadership brillante, una disciplina ferrea e una crudeltà inimmaginabile. Utilizzava tribù mongole come guardie del corpo personali.

## OLIVER CROMWELL (1599-1658)

Signore e Protettore della Gran Bretagna dal 1653 al 1658, Cromwell ha utilizzato i membri della sua New Model Army come guardie del corpo per affrontare e ostacolare ripetuti tentativi di assassinio nei suoi confronti, soprattutto da parte dei cavalieri e sostenitori del re Carlo I.

## NAPOLEONE BONAPARTE (1769-1821)

Al culmine della sua carriera, nel novembre 1799, dopo il famoso colpo di Stato con cui raggiunse il potere in Francia, fino alla sua sconfitta nella battaglia di Waterloo, Napoleone utilizzava i servizi di una società privata che forniva soldati di ventura da impiegare come guardie del corpo, veri e propri antesignani dei moderni contractor. Era definito un cliente ad alto rischio dato che era regolarmente preso di mira da sicari. Il primo tentativo di assassinio fu con una bomba esplosiva. Brillante generale e statista, Napoleone fu uno dei primi capi di stato moderni a capire l'importanza della protezione personale.

## SHAKA (Circa 1787-1828)

Shaka è stato il primo grande capo della nazione Zulu. Veniva protetto dall'élite delle sue forze di combattimento. Ha vissuto una vita ad alto rischio, tanto che si dice che avesse addirittura 7.000 soldati utilizzati soltanto per difenderlo.

## ABRAHAM LINCOLN (1809-1865)

Lincoln, il 16° presidente degli Stati Uniti d'America, venne assassinato mentre era teatro da un fanatico degli stati del sud. Quella sera aveva rifiutato di essere accompagnato dal suo team di protezione preferendo rimanere da solo.

## REGINA VITTORIA (1837-1901)

La Regina Vittoria ha sempre utilizzato guardie del corpo ed è sopravvissuta a ventotto tentativi di assassinio. Anche se organizzata con varie squadre di protezione, preferiva la compagnia di un ufficiale individuale. La Irish Fenian Brotherhood creò addirittura un corpo speciale, gli Special Branch, dedicato alla protezione della Regina.

## CHARLES DE GAULLE (1890-1970)

Presidente della Francia dal 1958 al 1969, De Gaulle è considerato il padre fondatore della Francia per il ruolo giocato durante la Seconda Guerra Mondiale. Durante gli anni della sua presidenza sopravvisse a molteplici tentativi di assassinio grazie a un gruppo professionale di guardie del corpo al suo servizio.

## INDIRA GANDHI (1917-1984)

Indira Gandhi, come primo ministro dell'India ha usato regolarmente guardie del corpo, servendosi di solito di funzionari del servizio di intelligence indiana. Purtroppo ignorò i loro consigli e si avvalse anche di guardie del corpo sikh, due delle quali due (entrambi agenti di polizia) ordirono il suo assassinio nel 1984.

## I SAMURAI

I samurai, antichi guerrieri giapponesi, sono stati senza dubbio i bodyguard professionali più celebri della storia. I loro servizi di protezione venivano forniti ai signori della guerra in lotta tra loro e anche a proprietari terrieri.

# PRIMA PARTE

## TEORIA: GLI STRUMENTI PER INIZIARE A LAVORARE

# CAPITOLO 1

## CLOSE PROTECTION SVOLTA DA PRIVATI

Per iniziare, è necessario ricordare il primo riferimento normativo della legge italiana relativo all'attività di protezione personale.

Si tratta di un punto fondamentale perché stabilisce che l'attività di difesa delle persone può essere esercitata in via esclusiva dallo Stato italiano, escludendo così dalla legalità la gran parte delle attività di sicurezza svolta dai privati. Stiamo parlando però di una norma che risale al 1931, epoca che presentava esigenze ben diverse dalle attuali (senza dimenticare inoltre il particolare contesto politico dell'Italia del tempo).

Considerato l'aspetto della protezione istituzionale, i cui potenziali destinatari sono stati ampiamente definiti nel contenuto del Decreto Ministeriale del 28/05/2003, resta da fare una analisi delle figure che hanno una particolare necessità di protezione, pur non rientrando nelle categorie elencate nel Decreto.

Si tratta di persone che, per soddisfare le loro particolari esigenze di sicurezza, sono obbligate a ricorrere a servizi offerti da agenzie private. Le tipologie di persone che necessitano di strette misure di protezione personale sono numerose.

La legislazione italiana norma in maniera precisa le persone che, in virtù della loro funzione pubblica o perché caduti nella sfera d'interesse di ben definite fonti di minaccia, necessitano di una attività di protezione di carattere istituzionale.

Tutti i soggetti che necessitano di protezione personale per motivi privati legati alla loro professione devono quindi essere considerati al di fuori di questo ambito.

Stiamo parlando dei capitani d'industria e dei manager della finanza, ma anche dei piccoli imprenditori che temono, per loro stessi e per i loro famigliari, di subire aggressioni, sequestri di persona o intromissioni illecite nella loro vita privata. Anche molti professionisti del mondo dello spettacolo e molti sportivi sentono la necessità di avere una forma di protezione privata.

In questi casi il bisogno di sicurezza può essere motivato dalla necessità di gestire una grande quantità di ammiratori, oppure di proteggersi dalle illecite intromissioni nella privacy da parte di persone che vogliono di ottenere informazioni sull'ultimo gossip da vendere a un giornale scandalistico. Il più delle volte il bisogno di sicurezza costituisce, più semplicemente, uno status symbol da esibire per dimostrare il raggiungimento del vertice del successo.

Un settore che ha bisogno di protezione e particolarmente degno di attenzione, soprattutto perché sta polarizzando la maggior parte delle attività delle compagnie private, riguarda inoltre la protezione del personale direttivo delle aziende impegnate nelle zone a rischio del mondo. L'Executive Protection, andando più nello specifico, è l'insieme di quelle attività che un'azienda intraprende dal punto di vista fisico, procedurale o tecnologico per prevenire il rapimento, l'omicidio, o comunque la morte o le molestie verso i suoi executives (quadri manageriali).

Tra le risorse di un'azienda, infatti rientra anche il capitale umano, al cui interno alcuni individui meritano una particolare tutela. Si tratta di persone hanno un potere decisionale importante, al punto che un impedimento doloso nello svolgimento delle loro attività, o la possibilità per estranei ottenere da loro con la violenza informazioni sensibili, costituirebbe un danno grave per la corporation.

Basta dare un'occhiata alla cronaca nazionale e internazionale per rendersi conto che anche i terroristi stanno spostando la loro attenzione dagli obiettivi diplomatico-militari a quelli "aziendali".

Nell'ottica dell'organizzazione terroristica, infatti, è più facile colpire un "soft target" rappresentato da un ingegnere addetto alla ricostruzione di un ponte a Baghdad, piuttosto che un ministro iracheno superscortato.

Inoltre la strategia di attacco alle risorse economico-imprenditoriali impegnate negli aiuti al Governo che stanno combattendo, può rappresentare per i terroristi un obiettivo estremamente appagante in termini di efficacia strategica e di risonanza mediatica.

In Italia, a differenza di quanto avviene nella maggior parte dei paesi europei, l'attività di sicurezza personale condotta da privati non è coperta da una adeguata normativa e, purtroppo, si muove sul filo dell'illegalità. Quasi tutte le agenzie che svolgono attività di sicurezza personale sono costrette a muoversi sulla lama di rasoio dell'illegalità, tanto da ricorrere a consolidati e diffusi escamotage. Ad esempio la sicurezza che offrono non è, ufficialmente, rivolta alle persone ma ai beni. Pertanto, la scusa prodotta per giustificare la loro attività, potrebbe essere riassunta con queste parole:

*"Non scortiamo la vostra persona ma il gioiello,*
*il documento o qualsiasi altro bene che state portando con voi".*

Le uniche attività in materia di protezione personale che apparentemente sembrano in linea con la normativa vigente in Italia, sono riconducibili a interventi in tema di consulenza di sicurezza, attività di analisi e monitoraggio dei rischi. Per questo motivo tutte le aziende che operano in settori di sicurezza e che godono di comprovata serietà, si avvalgono di professionisti qualificati in grado di fornire consulenze per aiutare il cliente a comprendere e adottare le soluzioni più adatte ai suoi problemi.

# CAPITOLO 2

## REQUISITI PER OPERARE NELLA PROTEZIONE

L'Operatore di Protezione, per assolvere la sua peculiare funzione deve possedere determinate caratteristiche umane e psicologiche:

- intelligenza con forte spirito di osservazione;
- capacità di mantenere a lungo l'attenzione selettiva;
- reattività;
- versatilità;
- determinazione;
- maturità ed equilibrio;
- disponibilità al lavoro di squadra;
- interesse nel lavoro di protezione;
- equilibrio psicologico;
- educazione;
- cultura e conoscenza delle lingue;
- spirito di sacrificio e senso del dovere;

- condizioni fisiche eccellenti, presenza fisica e fiducia nella propria forza.

Scendendo più nel dettagliato, le caratteristiche specifiche di chi opera nella protezione devono essere:

- Una eccellente condizione fisica, in grado di permettergli attività di lunga durata.
- L'abilità di confondersi con l'ambiente circostante, per evitare di essere individuato, indossando indumenti adatti ed evitando di adottare un atteggiamento conforme a uno stereotipo.
- Il self control, ovvero l'adeguato autocontrollo per gestire sensazioni, emozioni, sentimenti e per controllare nervosismo, oltre alla capacità di prevenire i problemi. Per un operatore della protezione la pazienza poi è una delle doti essenziali, così come la capacità di mantenere comportamenti diversificati rispetto ai propri schemi psicologici, sociali ed educativi.
- Il savoir-faire sociale, indispensabile per padroneggiare il proprio comportamento, la propria gestualità, l'espressione facciale e corporea. Tutto questo per mantenere sempre un atteggiamento disinvolto con gli altri, anche per evitare eventuali situazioni di imbarazzo per la persona protetta.
- L'arte della conversazione, utile per gestire i rapporti con la persona protetta e il suo ambiente sociale, mediante l'uso di un linguaggio consono che curi l'accento, l'eloquio, l'intonazione e la pronuncia.

# CAPITOLO 3

## IL SISTEMA DI PROTEZIONE PERSONALE

La Protezione Personale, può essere descritta come l'insieme dei piani e delle misure fisiche, procedurali o tecnologiche, stabilite al fine di anticipare, prevenire o limitare qualsiasi azione o situazione, attuata dalla Minaccia, che possa procurare un Danno (di natura fisica, psicologica o economica) alla persona protetta.

L'obiettivo della Protezione Personale è quello di garantire l'incolumità fisica e la libertà delle persone protette, nonché di evitare loro ogni turbamento, molestia, imbarazzo o impedimento dell'esercizio legittimo delle loro funzioni, specialmente se si tratta di personaggi che rivestono cariche pubbliche o istituzionali. Per conseguire questo obiettivo, la persona viene posta al centro di un sistema di protezione rappresentabile con un diagramma a cerchi concentrici come quello che trovi nella pagina seguente.

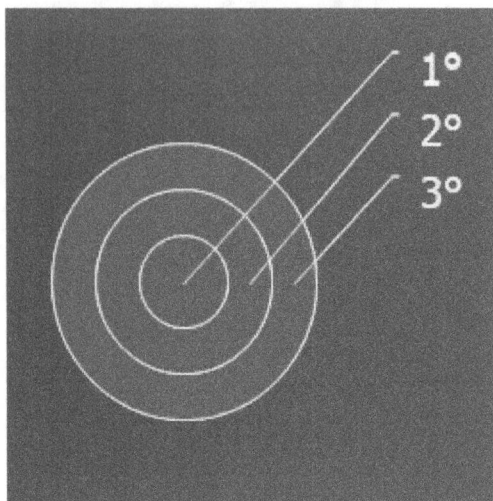

1. Il primo cerchio è fondamentale ed è costituito dal team che ha la responsabilità della protezione ravvicinata della persona.

2. Il secondo cerchio è formato da tutti quei servizi, di osservazione e vigilanza, predisposti per particolari eventi oppure a difesa di strutture, uffici o obiettivi sensibili di pertinenza del soggetto protetto.

3. Il terzo cerchio ha per protagonisti i servizi di sorveglianza e soprattutto di intelligence che si occupano, in via diretta o incidentale, della raccolta e dell'analisi delle informazioni relative alle fonti di Minaccia.

In via generale, la procedura di protezione personale può essere attuata in forma palese, occulta o mista.

Se la procedura viene attuata in forma palese, l'apparato di protezione, per così dire, "mostra i muscoli al suo avversario". La sua efficacia fa affidamento sia sul fattore deterrenza che sulla possibilità di mettere in campo una forza adeguata alla Minaccia.

Nella forma occulta vengono attuate le misure di protezione rivolte a persone per le quali la presenza di un servizio di protezione palese svelerebbe la loro particolare posizione personale. Se a un apparato di protezione palese viene aggiunto un secondo apparato, parallelo e in grado di muoversi in maniera discreta, si ottiene una forma mista, particolarmente efficace sia per i fini della prevenzione che per l'attuazione di contromisure in caso di emergenza, ma molto dispendiosa in termine di risorse umane.

La procedura mista di solito viene attuata per la protezione delle alte cariche istituzionali e di tutte le persone esposte a rischi particolarmente elevati. In questo tipo di procedura alla squadra che si occupa della protezione ravvicinata viene abbinato un'altro gruppo che, in maniera discreta, si occupa delle bonifiche preventive dei percorsi e dei luoghi di destinazione, del controllo della folla, dell'osservazione dall'alto e dell'acquisizione delle informazioni.

La diversificazione attuativa dell'esigenza di protezione dipende da molteplici fattori, come la figura della persona protetta, l'incarico che riveste, l'obiettivo che rappresenta, l'individuazione della sua necessità di protezione, l'identificazione della fonte di Minaccia e delle sue potenzialità, motivazioni e finalità, fino a considerazioni legate al territorio in cui si opera.

È solo in base a una completa analisi della fonte di Minaccia e, in particolare, delle sue metodologie operative, che è possibile stabilire l'esatta pianificazione e applicazione di un sistema di protezione idoneo.

# CAPITOLO 4

## ANALISI DEI RISCHI

LA QUALIFICAZIONE DELLA MINACCIA

La Fonte di Minaccia (per brevità da qui in poi utilizzerò soltanto la parola "Minaccia") può essere definita come fonte capace di produrre un Danno al Bene.

In base alle suddivisioni indicate nel Decreto del 28 maggio 2003, la Minaccia può identificarsi in:

- organizzazioni di natura terroristica;
- organizzazioni correlate al crimine organizzato, al traffico di sostanze stupefacenti, di armi o parti di esse, anche nucleari, di materiale radioattivo e di aggressivi chimici e biologici;
- attività di intelligence di soggetti od organizzazioni estere.

È una classificazione che identifica la Minaccia prevalentemente attraverso l'attività di unità comportamentali complesse (organizzazioni), e che contempla unità comportamentali semplici (singoli elementi) solo per quanto riguarda il rischio rappresentato da soggetti esteri impegnati in attività di intelligence.

## Unità Comportamentali Semplici

Occorre considerare anche i singoli elementi che agiscono per motivi di natura psicologica, magari in preda ai deliri paranoici tipici di determinate patologie, o perché mossi da motivi di risentimento personale o politico, da odio razziale, etnico o religioso. Oppure emulatori che seguono ideologie estremiste senza essere inquadrati in organizzazioni terroristiche e che cercano la "consacrazione" attraverso il gesto estremo.

La Minaccia posta in essere da un singolo elemento è difficilmente inquadrabile nella normale attività di intelligence finalizzata alla prevenzione, salvo che questa si sia precedentemente evidenziata con palesi manifestazioni d'intenti, come una lettera anonima o comportamenti tipici degli stalker. Michelle Hunziker, ad esempio, ha denunciato di aver ricevuto inquietanti lettere minatorie contenenti minacce contro se stessa e sua figlia. Il suo persecutore, al fine di rafforzare le minacce, aveva addirittura dimostrato di essere a conoscenza di particolari della sua vita privata.

Nel corso dei secoli ci sono stati numerosi episodi di azioni condotte da singoli elementi che sono riusciti a realizzare gravi attentati, anche grazie alla mancanza dell'attività di prevenzione che non è riuscita a cogliere i segnali che annunciavano chiaramente gli attentati. Vediamone alcuni.

## ATTENTATO A PALMIRO TOGLIATTI

Il 14 luglio del 1948, Antonio Pallante, studente di Legge di Randazzo (CT), colpisce con tre colpi di pistola al petto Palmiro Togliatti mentre esce da Montecitorio. L'Italia è sull'orlo della guerra civile e viene salvata dalla vittoria di Bartali al Tour de France.

Pallante, personaggio decisamente originale e da molti definito un vero e proprio mitomane, era un nazionalista accesso e dichiarò che lo sollecitava l'ambizione di entrare nella storia in compagnia di altri famosi attentatori.

## ATTENTATO A RONALD REAGAN

Nel 1981 il presidente americano Ronald Reagan è vittima di un attentato. John Hinkley riesce, con una azione fulminea, a mettere in scacco tutto il sistema di protezione presidenziale.

Reagan viene ferito al petto dai colpi di pistola dell'attentatore, che riesce anche a ferire l'addetto stampa presidenziale, James Brady e due poliziotti. Hinkley dichiara in seguito di essere innamorato dell'attrice Jodie Foster e di aver voluto, con il suo folle gesto, attirare l'attenzione della giovanissima attrice americana.

L'aspetto di maggiore interesse della vicenda è rivestito dalle numerose lettere contenenti riferimenti a possibili azioni eclatanti (in particolare alla volontà di emulare il personaggio interpretato da Robert De Niro nel film "Taxi Driver"), inviate da Hinkley a Foster e a numerosi uffici governativi, fra i quali l'ufficio di zona dell'FBI.

## ATTENTATO A YITZHAK RABIN

Il 4 novembre 1995, a Tel Aviv, lo studente di legge Ygal Amir, simpatizzante della destra estrema israeliana, uccide Yitzhak Rabin, Primo Ministro e Premio Nobel per la Pace per gli accordi siglati con Arafat del 94, chiudendo in parte la possibilità di ulteriori accordi con i palestinesi. Non è ancora chiaro il movente del gesto e sono ancora aperte ipotesi sui possibili mandanti.

L'opinione pubblica israeliana imputa allo Shin Bet buona parte della colpa dell'omicidio di Rabin

## ATTENTATO A JACQUES CHIRAC

Il 14 luglio 2002, a Parigi, nel corso della tradizionale parata, Maxime Brunerie, un naziskin francese riesce a superare i controlli di sicurezza nascondendo una carabina all'interno di in una vistosa custodia da chitarra. Brunerie si apposta nei pressi dell'Arco di Trionfo e spara un colpo contro il Presidente Jacques Chirac prima di venire fermato da quattro spettatori.

"Domenica guardate la televisione": con questo avviso, Brunerie aveva annunciato in un blog legato a un sito di estrema destra la sua intenzione di assassinare il presidente francese, accusato di essere il responsabile della crisi politica e morale in versava a suo dire la Francia. Il presidente Chirac, miracolosamente illeso, si prodigherà in ringraziamenti pubblici verso i quattro spettatori che di fatto gli hanno salvato la vita, non risparmiando però le critiche verso il suo servizio di protezione.

## QUANDO IL SOGGETTO È DISTURBATO

Un discorso a parte merita il soggetto affetto da disturbi mentali ben definiti, ovvero nella maggior parte dei casi paranoia o schizofrenia paranoide.

Questi disturbi infatti possono sfociare nella sindrome dell'omicida di massa (mass-murderer), o dell'omicida di massa suicida (mass-murderer-suicide). Per l'attività di protezione l'aspetto più rilevante di questo particolare tipo di omicida è dato dalla ricorrente casistica dell'azione condotta solo per poterla poi rivendicare pubblicamente.

In questi casi di solito l'omicida sceglie per la sua folle vendetta persone che rappresentano a vario titolo le istituzioni, o che comunque sono legate alle istituzioni. Per questo motivo, vengono anche definiti "Authority Killing" (secondo la classificazione del Crime Classification Manual del 1992). Stiamo parlando di soggetti caratterizzati da rabbia, ostilità e frustrazioni a volte incontenibili, che compiono gesti criminosi come espressione di una manifestazione improvvisa, subitanea, impulsiva, di "furia distruttiva".

## IL MASS-MURDERER

Il mass-murderer uccide o tenta di uccidere diverse persone, contestualmente e nello stesso luogo. La sua aggressività omicidiaria è rivolta verso persone a lui sconosciute, ma individuate in quel momento come soggetti facenti parte di un'istituzione da colpire: la società. È il tipico caso chi, entrando in un locale affollato, in una scuola o in un ufficio pubblico, inizia a uccidere senza motivi apparenti. Di solito questi soggetti sparano all'impazzata a un gran numero di persone ritenute "nemiche", convinti di aver subito torti da parte della società in genere. Equipaggiati con il maggior numero di mezzi letali possibili, preferibilmente con armi da fuoco di grosso calibro, i mass-murderer procedono nell'opera di distruzione senza fermarsi, a viso scoperto e pensano solamente a mietere più vittime possibili. Alla fine della strage, spesso si tolgono la vita, o vengono ucciso dalle forze dell'ordine.

In base alle modalità con cui viene compiuto il gesto, vengono distinti i seguenti tipi di mass-murderer:

- "mass killer familiare" (spesso anche suicida);
- "mass killer kamikaze", che si suicida contestualmente alla strage, utilizzando se stesso come "arma" per compierla;
- "mass killer pseudo kamikaze", che colpisce senza coinvolgere se stesso, ad esempio fuggendo dopo aver lanciato una bomba.

## LE UNITÀ COMPORTAMENTALI COMPLESSE

Le unità comportamentali complesse si differenziano da quelle semplici perché i soggetti che le caratterizzano appartengono a un sistema. Fanno parte cioè di un insieme di elementi che possono essere separati l'uno dall'altro, ma che sono comunque coordinati e organizzati. Si muovono dunque in maniera più o meno coordinata in vista del raggiungimento di uno scopo e per questo devono essere considerati come un tutto organico.

Le unità comportamentali complesse possono essere a loro volta distinguibili in:

- emozionali (caratterizzati da motivi di risentimento che accomunano un gruppo sociale come l'odio razziale, etnico

o religioso);
- economici (gruppi e organizzazioni criminali);
- politici e religiosi (gruppi eversivi e terroristici con finalità politiche o religiose, sette che cercano attraverso la violenza e il compimento di azioni eclatanti l'affermazione della loro dottrina come, ad esempio la giapponese "AUM SHINRI KIO").

Fra le unità comportamentali complesse appare di speciale importanza, per l'attività di protezione, l'analisi della Minaccia rappresentata dall'azione di gruppi e organizzazioni criminali e dai movimenti terroristici.

Le organizzazioni criminali per garantire i propri interessi, per scopo di lucro o mercenario, possono mettere in atto azioni criminali generalmente di tre tipi:

- azioni finalizzate alla neutralizzazione, tramite intimidazione o eliminazione fisica dei nemici (magistrati, investigatori, collaboratori e testimoni di giustizia), a volte anche in modo eclatante, con lo scopo di provocare spinte emozionali nella pubblica opinione per influire sulle libere decisioni degli organi istituzionali;
- azioni finalizzate al raggiungimento di un vantaggio economico come nel caso del sequestro di persona o dell'estorsione;
- attività di mercenari per favorire interessi di terzi come il rapimento, l'eliminazione fisica, la illecita raccolta di informazioni commissionata da concorrenti economici o politici.

La potenzialità aggressiva della criminalità organizzata è un fenomeno che presenta un forte rischio per l'attività di protezione, in quanto è indubbia la sua capillare radicalizzazione nel territorio dove opera. Nei primi anni 90 poi la criminalità di stampo mafioso si è impadronita di tecniche e obiettivi propri dell'eversione politica, come dimostrano, fra gli altri, gli attentati ai magistrati Giovanni Falcone e Paolo Borsellino del 1992 o quelli che, nel 1993, colpirono la Galleria degli Uffizi a Firenze e il Padiglione di Arte Contemporanea a Milano.

## GRUPPI TERRORISTICI

Stabilire una definizione di terrorismo non è sicuramente facile. Si tratta di un concetto che non può essere rilegato solo alle definizioni di ambito giuridico in quanto si tratta di un fenomeno influenzato moltissimo da fattori storici, sociali, culturali, politici e ideologici. Per questo motivo, non è possibile formulare una definizione di terrorismo universalmente accettabile. La stessa azione violenta, qualificabile dal nostro ordinamento giuridico come atto di terrorismo, di fatto, viene considerata in altri luoghi del mondo come una legittima azione di resistenza verso un'occupazione da parte di forze straniere considerate illegittime.

Il terrorismo ha come obiettivo la realizzazione di azioni violente con un duplice scopo: in primis eliminare o distruggere l'obiettivo prefissato; in secondo luogo generare uno stato di panico e di timore collettivo capace di provocare sfiducia nelle capacità degli organi istituzionali che dovrebbero garantire l'incolumità pubblica.

Uno degli aspetti fondamentali degli atti terroristici è l'estraneità delle vittime nei confronti di commette l'atto criminale. L'azione del terrorista di solito è rivolta a una persona che rappresenta in qualche modo le istituzioni, la società o la cultura dominante, oppure colpisce soggetti indeterminati con il solo scopo di ingenerare timore nella collettività. Pertanto le vittime sono scelte non per i loro rapporti interpersonali con chi compie l'azione terroristica, ma per i loro rapporti con le istituzioni, o per il solo fatto di essere membri della società. È questo particolare aspetto che differenzia l'atto terroristico dalla violenza comune.

L'azione semplicemente violenta infatti contempla sempre due soggetti: vittima e aggressore.

Nell'azione con finalità di terrorismo compare una terza parte, la società, che si vuole intimidire attraverso le conseguenze subite dalla vittima. Inoltre l'atto terroristico è caratterizzato dalla finalità ideologica che lo sorregge e per la finalità politica in vista del quale è compiuto.

La condotta terroristica, anche se può non sembrare inserita in una strategia politica, non è mai priva del movente ideologico. Pertanto il fine politico è quello che differenzia il terrorismo dalle attività delle organizzazioni criminali comuni.

Le attività di autofinanziamento (rapine, estorsioni e rapimenti) realizzate dai terroristi non mirano mai, infatti, a un obiettivo economico contingente, ma al raggiungimento di fini politici-ideologici o religiosi (come nel caso delle espressioni del radicalismo islamico).

Nel terrorismo contemporaneo è anche fondamentale distinguere tra il terrorismo interno e il terrorismo transnazionale, il quale coinvolge cittadini e territorio di più stati.

Vengono definite azioni di "Terrorismo Interno" quelle azioni terroristiche che si manifestano per mano di cittadini di uno o più Paesi che si sviluppano all'interno di un singolo stato, come ad esempio le Brigate Rosse - Partito Comunista Combattente.

Vengono invece definite azioni di "Terrorismo Transnazionale" quelle che interessano il territorio altrui come luogo dell'azione, e che usano cittadini e beni di paesi terzi come strumento di ricatto e merce di scambio, come ad esempio le azioni compiute a Al Qàida.

Una distinzione fondamentale riguarda anche la matrice del terrorismo moderno, matrice che a seconda dei casi può essere ideologica, politico-confesionale, etnico-separatista e etnico-nazionalista

## MATRICE IDEOLOGICA

La matrice ideologia caratterizza organizzazioni che si prefiggono il sovvertimento dell'ordine democratico e l'affermazione del proprio pensiero politico con metodi violenti.

Sono iscrivibili a questa tipologia di terrorismo quello politicamente schierato a sinistra, a sua volta differenziabile in marxista-leninista, internazionalista e anarchico (ad esempio: Brigate Rosse - Partito Comunista Combattente, Anarco-insurrezionalisti, GRAPO, RAF); e il terrorismo di destra, suddivisibile a sua volta in neofascismo, nazionalismo e antiseparatismo.

La matrice politico-confessionale è suddivisibile in gruppi che includono nei loro programmi anche rivendicazioni territoriali (come l'islamo-nazionalismo palestinese di Hamas, Jihad Islamica Palestinese) e organizzazioni di chiara impronta internazionalista, rappresentate principalmente dai movimenti ispirati dal radicalismo o integralismo islamico.

Questi gruppi usano la religione per giustificare pretese di potere e come motore per movimentare le masse.

L'integralismo religioso di queste organizzazioni si basa generalmente su questi principi:

- l'Islam è l'unica verità rivelata e deve essere valida per tutti;
- l'Islam si realizza nella società solo attraverso lo stato teocratico islamico fondato sulla Shariah;
- la lotta contro gli "infedeli" è un dovere; tale lotta deve essere condotta con i mezzi della rivoluzione politica e sociale nonché attraverso la "Jihad";
- le idee occidentali sono da rifiutare per principio, a meno a che non siano assoggettabili alle idee religiose e giuridiche islamiche;
- avversione al pluralismo politico, al sistema partitico e pluripartitico;
- atteggiamento antisionista e antiebraico (GSPC, FM, Hezballah, Al Qàida, Al Jamaa Al Iislamiya).

Rientrano nell'ambito del terrorismo a matrice etnico-separatista o etnico nazionalista tutte le organizzazioni indipendentiste, separatiste, nazionaliste e irredentiste che cercano di provocare attraverso la lotta armata il riconoscimento di indipendenza dalla madrepatria di regioni occupate da popolazioni caratterizzate da una diversa origine tradizionale o culturale (ETA o LTTE).

Queste organizzazioni si basano sull'imposizione violenta del riconoscimento assoluto dell'identità nazionale, in particolare i movimenti aderenti al "fronte del rifiuto" palestinese (Al Fatha, Fronte Popolare per la liberazione della

Palestina, Fronte Popolare per la liberazione della Palestina - Comando Generale). In altri casi si pongono per obiettivo la riunificazione alla madrepatria di terre sotto il controllo di uno stato straniero, le cosiddette "terre irredente" (IRA).

## LA MOTIVAZIONE

La Motivazione è uno degli aspetti fondamentali che caratterizza chi opera all'interno di un'organizzazione terroristica. È un aspetto da tenere in particolare considerazione per giungere a una analisi finalizzata all'attività di protezione. La spinta motivazionale che anima un terrorista infatti può fare la differenza nel confronto diretto con un operatore della protezione.

A volte, alla base dell'avvicinamento del soggetto a un'organizzazione terroristica ci sono particolari condizioni sociologiche e ambientali. Spesso ci possono essere delle predisposizioni naturali in questi soggetti, ma più spesso le motivazioni sono da ricercare nelle difficili condizioni di vita vissute da bambini o da adolescenti. Altre volte poi alla base di queste scelte ci possono essere  rapporti interpersonali o famigliari traumatici oppure il semplice desiderio di realizzarsi e di mettersi in luce. A volte tutti questi elementi coesistono.

La "nascita" di un terrorista dunque spesso è figlia di fattori storici ben precisi, di un humus culturale  ispirato da fattori politici, religiosi e sociali, che sfruttano subculture radicali e rivoluzionarie, di destra o sinistra.

In questi contesti così critici, non appena un soggetto dimostra una minima predisposizione ad abbracciare il messaggio terroristico, viene subito circondato di attenzioni. Intorno a lui si innestano strategie di "Brain Washing" (lavaggio del cervello) che tendono, attraverso il suo condizionamento, a rendere irreversibile la sua scelta allo scopo di ottenere dal soggetto in questione obbedienza assoluta. Si tratta di un condizionamento effettuato da abilissimi maestri presenti nelle scuole di guerra, nei campi di addestramento e in generale nelle tante aree di crisi sparse in tutto il mondo. Ma anche, in modalità più discreta, in tanti centri di aggregazione, politici o pseudo-religiosi, molto diffusi nei paesi occidentali.

Nasce quindi un soggetto nuovo, un individuo interamente dedicato al servizio di idee politiche o religiose,che aderisce a una dottrina totalizzante. Il terrorista si ritiene superiore, non riesce a intravedere altra via alternativa al terrore, si percepisce come paladino del conflitto fra il Bene e il Male.

In ultima analisi il terrorista considera le sue vittime come totalmente indesiderabili, inutili se non addirittura dannose. A causa del suo intenso indottrinamento il terrorista perde la cognizione di umanità delle sue vittime. Opera secondo stereotipi pregiudiziali e il suo bersaglio non è più un essere umano ma, semplicemente, uno strumento da utilizzare per raggiungere il suo fine.

Non va dimenticato che i gruppi terroristici hanno spesso un leader carismatico, la cui personalità è un misto di tratti narcisistici e paranoici, con una forte capacità di condizionamento verso gli altri.

Per concludere possiamo affermare che il terrorista tipico presenta i seguenti tratti di personalità: arrogante, sicuro di sé, sospettoso, freddo e calcolatore, litigioso (anche se spesso forzatamente contenuto), paranoide, dedicato tout-court alla propria ideologia, privo di rimorso, ha capacità di dissumanizzazione dell'essere umano, non si cura della sorte delle sue vittime, ha un comportamento apparentemente civile e non sospetto, a volte possiede un alto Quoziente Intellettivo e modi tendenzialmente raffinati.

# CAPITOLO 5

## BENE E DANNO

### LA QUALIFICAZIONE DELLA MINACCIA

Lo scopo della Minaccia è quello di intercettare il Bene al fine di produrre un Danno.

Se il problema viene analizzato dal punto di vista del Titolare di quel Bene, inteso come "tranquillità" o "qualità di vita", il Danno si concretizza nel momento in cui il titolare viene a conoscenza dell'interessamento della Minaccia nei suoi confronti, quindi, molto prima dell'incontro materiale fra la Minaccia e il Bene.

Ma se la Minaccia, materialmente, incontra il Bene, quali danni può provocare?

### LA QUALIFICAZIONE DEL BENE E DEL DANNO

Se si considera la relazione Bene-Danno si possono distinguere tre possibili obiettivi della Minaccia.

*1. Attentato alla vita che può produrre la morto o danni fisici*

La storia insegna che le modalità omicidiarie sono diversificate in relazione alla capacità della Minaccia e alla vulnerabilità della vittima. Se la Minaccia non ha la capacità tattica di affrontare a "viso aperto" la vittima e il suo sistema di protezione, usa strumenti che possono colpire a distanza come gli ordigni esplosivi o le armi di precisione.

Altrimenti attacca frontalmente, con tutta la sua forza, mettendo in atto agguati eclatanti, sicuramente molto appaganti da un punto di vista dell'impatto emotivo sull'opinione pubblica.

Il 9 febbraio 1998, ad esempio, un commando di 15 uomini armati ha preso d'assalto a Tiblisi, capitale della Georgia, la Mercedes blindata del presidente georgiano Eduard Shevardnadze che, per sua fortuna, è rimasto quasi indenne.

*2. Attentato alla libertà personale*

L'attentato alla libertà personale include:

- la privazione della stessa, attraverso il sequestro;
- l'impedimento a svolgere la propria attività, liberamente e senza condizionamenti, attuato attraverso l'intimidazione;
- il peggioramento della qualità della vita derivante dalla pressione psicologica provocata dalla consapevolezza della Minaccia;
- l'imbarazzo causato dall'illecita intromissione nella vita privata e dalla divulgazione al pubblico di notizie attinenti la sfera personale e familiare.

L'attacco alla libertà personale più grave è rappresentato dal sequestro di persona. Metodo utilizzato in passato dalle organizzazioni terroristiche per colpire uomini politici, è ormai divenuto una delle pratiche più diffuse utilizzate dai gruppi armati che operano nelle zone a rischio e dalle organizzazioni criminali, sia per fini di rivendicazione e di lotta, che per acquisire risorse economiche grazie ai riscatti.

Il Danno per la libertà personale è anche rappresentato dallo stato di inquietudine che colpisce una persona costretta a subire atti di intimidazione mirati ad impedirle di svolgere con serenità alla sua professione, o di far fronte alle responsabilità della sua carica istituzionale. In questo caso il primo compito di un servizio di protezione professionale è proprio quello di rassicurare la vittima per permetterle di riacquistare la tranquillità violata dalla presenza della Minaccia.

Un'altra forma di attacco della libertà personale, purtroppo sempre più diffuso, è rappresentato dalla illecita violazione della vita privata attraverso attività informative capillari (che si possono anche avvalere di strumenti tecnologici molto sofisticati, come violazioni telematiche di computer personali o banche dati, intercettazioni telefoniche e di conversazioni fra presenti, riprese video, ecc.), finalizzata all'acquisizione di informazioni sensibili sulla salute, gli orientamenti sessuali e le abitudini in genere della vittima, dei suoi famigliari e dei suoi più stretti collaboratori.

Acquisita l'informazione sensibile la Minaccia può utilizzarla come mezzo di pressione per condizionare l'attività e le libere scelte della vittima. Oppure può darla in pasto all'opinione pubblica per danneggiarne la reputazione. Stiamo parlando in sostanza di una forma sottile e incruenta di attentato che utilizza il pubblico ludibrio per colpire e danneggiare tanto quanto la pallottola di un cecchino.

### 3. *Attentato finalizzato alla distruzione dei beni economici o all'impedimento dell'esercizio delle attività*

Questo tipo di azione può essere attuata attraverso la distruzione o il danneggiamento delle infrastrutture, degli immobili a uso abitativo o aziendale, o il sabotaggio delle linee produttive; oppure attraverso l'illecita intromissione negli affari e l'attuazione di forme di concorrenza sleali, realizzate attraverso forme di spionaggio che riguardano l'acquisizione indebita di notizie sensibili relative alle decisioni aziendali, ai progetti e alla ricerca.

L'attentato alla proprietà può colpire le strutture attraverso la semplice distruzione materiale. Oppure questo tipo di attentato può mirare alle risorse umane, che possono essere soggette a danni fisici o alla perdita della libertà personale. Anche il ricatto finalizzato allo spionaggio commerciale o industriale può essere un obiettivo, così come il danneggiamento della capacità produttiva e commerciale mediante azioni che possono spaziare dal sabotaggio delle linee produttive all'alterazione del prodotto destinato alle vendite. Infine attentati di questo genere possono incidere direttamente sulla capacità tecnica di un'azienda attraverso la manomissione delle reti telematiche, pratica che potrebbe ad esempio coprire il furto di dati aziendali.

# CAPITOLO 6

## TEAM DI PROTEZIONE PERSONALE IN AZIONE RAVVICINATA

Un team di protezione può raggiungere un ottimo livello di efficacia con otto operatori suddivisi su tre autovetture, una delle quali adibita al trasporto della persona protetta. In un team di questo tipo il caposquadra si occupa della protezione ravvicinata del cliente e viaggia sulla sua stessa autovettura. Durante gli spostamenti a piedi invece ci sono cinque operatori del team, compreso il caposquadra, che curano la protezione ravvicinata della persona protetta durante i suoi spostamenti a piedi. I tre operatori restanti devono avere esclusivamente la funzione di autisti. Mentre gli altri membri del team impegnati in attività di protezione durante gli spostamenti a piedi, gli autisti provvedono a tutte le incombenze di carattere logistico e, funzione fondamentale, devono occuparsi della vigilanza dei mezzi.

Il numero degli operatori e dei veicoli consente il distacco momentaneo di almeno due membri del team, che si possono dedicare ai controlli preliminari dei percorsi e dei luoghi. Durante i periodi di stasi la squadra si dividerà il compito di raccogliere e analizzare le informazioni, preparandosi per futuri spostamenti e acquisendo eventuali notizie d'interesse dai vari organi di sicurezza e intelligence.

In considerazione del Decreto Ministeriale 28.5.2003, un team di protezione composto da 8 elementi è riconducibile solamente alla fattispecie prevista nel 1° livello di rischio, sicuramente meno ricorrente rispetto agli altri tre livelli.

Il 2° livello prevede invece l'impiego di un numero variabile fra i tre ed i quattro operatori. In questo caso, due operatori si dedicano ai controlli preliminari solo durante i momenti di stasi, mentre, nel corso dei movimenti, forniscono al cliente una protezione aggiuntiva. Il caposquadra, coadiuvato da un altro membro del team, deve restare in contattore diretto con la persona protetta. Sarà comunque il caposquadra a occuparsi della protezione ravvicinata. Con una formazione di questo tipo la sorveglianza delle autovetture deve essere affidata a uno solo dei due autisti, mentre l'atro deve contribuire alla protezione ravvicinata.

Il 3° e il 4° livello di rischio prevedono l'impiego di due soli operatori, uno dei quali con funzioni di autista. In questo caso alla protezione ravvicinata provvede un solo operatore, occasionalmente coadiuvato dall'autista se riesce a posizionare il mezzo in un zona vigilata e sicura. Si tratta di un sistema molto simile a quello "one on one" adottato da aziende che non hanno risorse sufficienti a garantire all'executive la protezione di una intera squadra. Nel sistema "one on one" alla protezione dell'executive viene assegnata un'unica risorsa, che generalmente ricopre anche il ruolo di autista.

È un sistema di ridotta efficacia, soprattutto perché il

singolo operatore, anche se estremamente professionale, è sottoposto a un sovraccarico operativo che non consente una copertura adeguata. In questo caso l'attività di protezione condotta da un singolo operatore deve essere supportata da una perfetta intesa con l'executive. La persona protetta deve dunque affidarsi completamente al suo protection professional e seguire le sue indicazioni di sicurezza anche se limitano la sua sfera personale.

Una condizione ideale che, come ben sanno gli operatori di sicurezza di provata esperienza, resta un obiettivo difficile da realizzare. Un solo operatore infatti non dovrebbe mai perdere il contatto visivo con l'executive, oppure utilizzare sistemi di cercapersone o di rintraccio elettronico, tutti sistemi che raramente vengono accettati dai clienti dato che limitano di molto la loro libertà personale.

Quindi chi fa *one on one protection* non potrà evitare periodi di separazione dal cliente, ad esempio quando si vede obbligato a far scendere l'executive mentre lui si occupa del parcheggio del mezzo. Senza contare eventuali problemi legati al benessere fisico dell'operatore. Inoltre il singolo operatore sarà costretto, nel corso dei suoi spostamenti, a dare già per scontato che non sempre potrà essere a fianco del suo executive.

Questa circostanza impone all'operatore impegnato nella protezione dell'executive nel corso di spostamenti di lunga durata, la predisposizione di un piano di sostituzione attraverso contatti con agenzie di sicurezza locali, forze dell'ordine o servizi di security alberghiera o aziendale, con tutti i rischi derivanti dall'affidare a persone solo in parte note la protezione del cliente.

## SQUADRA DI PROTEZIONE PERSONALE NELLA SITUATION ROOM

Il personale addetto alla *Situation Room* deve essere scelto tra gli operatori con maggiore esperienza all'interno del team di protezione.

A questi operatori viene richiesta una particolare disponibilità e preparazione, diversificata e possibilmente adeguata alla necessità di risolvere i problemi. Nella maggior parte dei casi è richiesta la perfetta conoscenza delle procedure di sicurezza, del territorio e del funzionamento degli apparati da utilizzare. Sono intuibili, infatti, i danni che potrebbero derivare da una carente trasmissione delle informazioni necessarie, o dalla errata valutazione dei problemi e della relativa conduzione degli interventi in caso di emergenza.

Deve essere prevista la presenza nella *Situation Room* di un Supervisore con funzioni di coordinatore delle attività degli operatori impegnati nelle postazioni e di responsabilità dell'impiego delle risorse, attraverso il *monitoring* in tempo reale della situazione sull'intero territorio. Attraverso specifiche funzioni applicative, il Supervisore gestirà gli eventi particolari o le emergenze, controllerà l'evoluzione delle singole situazioni e l'attivazione e conseguente disattivazione di ulteriori risorse da impegnare nel servizio di protezione.

## AZIONE PREVENTIVA E DI PRONTO INTERVENTO IN CASO CASO DI EMERGENZA

Una squadra specializzata in interventi speciali, in particolare con finalità *"Counter Attack Team"*, deve essere composta da almeno sette operatori:

- un caposquadra, con funzioni di coordinamento degli interventi, sia preventivi che di reazione e di collegamento con il team di protezione ravvicinata;

- un tiratore scelto, con funzioni di osservazione preventiva e posizionamento rapido di risposta;

- due artificieri I.E.D.D., addetti alle bonifiche preventive e agli interventi per operazioni di disinnesco di ordigni;

- tre operatori assaltatori in grado di fornire, in caso di attacco, un'adeguata copertura tattica finalizzata a consentire al team di protezione di evacuare in sicurezza la persona protetta.

# CAPITOLO 7

## VEICOLI

Alcuni esperti di questo settore considerano le auto blindate un surplus inutile, tranne che in aree ad alto rischio come Kabul, Baghdad o altre zone dove sono frequenti l'uso delle armi, il caos politico e le imboscate.

La critica che viene rivolta alle auto blindate si concentra sul fatto che chi le acquista arriva a considerarle una *security blanket* che risolve quasi per magia tutti i problemi di sicurezza.

Questo atteggiamento può generare un falso senso di sicurezza e causare disattenzione verso quegli accorgimenti elementari ma fondamentali, della *security*, come ad esempio variare frequentemente il percorso.

Si sostiene, inoltre, che le autovetture blindate non abbiano mai dissuaso un attentatore determinato tanto che, molte *security car* sono state distrutte a colpi di RPG-7.

Un altro difetto di questo tipo di mezzi è che richiedono autisti e manutentori specializzati, oltre al fatto che non sono adatte per tutti i tipi di percorsi dato che non sono facili da manovrare, soprattutto all'interno di aree urbane.

Nonostante tutte queste obiezioni ritengo che le auto blindate siano una risorsa indispensabile nelle situazioni ad alto rischio.

È proprio la consapevolezza di affidarsi a uno scudo solido in grado di neutralizzare l'effetto sorpresa su cui conta la Minaccia, che consente agli operatori di concentrarsi su altri aspetti essenziali dell'attività di protezione, come la pianificazione.

L'utilità dell'auto blindata infatti consiste soprattutto nella sua capacità di neutralizzare l'effetto sorpresa di un eventuale attacco. Basti pensare all risultato tragico di un colpo ben mirato, destinato a mettere fuori gioco un autista: le persone nell'auto non potrebbero scampare all'attentato, impotenti di fronte al loro collega morente e per di più sotto l'attacco nemico.

Personalmente credo che non servano grosse auto blindate, come i SUV, ma mezzi veloci e maneggevoli, dotati di protezioni di ultima generazione, come la chiusura ermetica per evitare infiltrazioni di aggressivi gas letali o lacrimogeni.

Un altro fattore importante, troppo spesso trascurato nella scelta di una automezzo da utilizzare nei servizi di protezione, è la funzionalità operativa, spesso sacrificata in funzione della comodità per il cliente.

Si tratta in particolare scegliere autovetture veloci e maneggevoli nel traffico urbano, auto che consentano manovre comode, che abbiano una buona visuale per l'autista (normalmente penalizzata dall'effetto di rifrazione dei vetri blindati), con la possibilità di chiudere ermeticamente l'abitacolo per evitare la penetrazione di gas e con un adeguato sistema antincendio.

# CAPITOLO 8

## PERCORSI, LUOGHI DI DESTINAZIONE E DI SOGGIORNO: CONTROLLI PRELIMINARI

Il controllo preliminare dei percorsi e dei luoghi di destinazione e di soggiorno, viene condotto insieme alla fase di raccolta di informazioni per l'intelligence. I membri della squadra di protezione che hanno ricevuto questo incarico dunque si devono recare sul posto con largo anticipo rispetto alla persona protetta per condurre i sopralluoghi del caso.

Durante questa fase i membri della squadra conducono ispezioni fisiche e raccolgono ulteriori informazioni sui siti in cui dovrà recarsi il cliente.

È in questi momenti che gli operatori devono dimostrare grande flessibilità e capacità di comunicazione con le persone che incontrano durante il sopralluogo.

Il controllo preliminare, se ben condotto, può semplificare i movimenti della persona protetta, da e verso il luogo da visitare, contribuendo a mantenere alto il suo livello di sicurezza dato che si elimineranno alla base imprevisti e confusione. Tutte le informazioni acquisite nel corso del controllo preliminare devono confluire nell'archivio di protezione e devono essere confrontate con quelle ricavate dall'analisi della fonte di Minaccia.

Chi effettua il sopralluogo deve pensare e ragionare come un terrorista. L'operatore, interpretando le informazioni in suo possesso relative alla motivazione e alla capacità operativa della fonte di Minaccia, dovrà chiedersi: "dove, come e quando potrei mettere a segno l'attentato? Quali sono le vie di fuga migliori? In che posto posso nascondermi se qualcosa dovesse andare storto?".

Questa attività è naturalmente connessa all'ispezione fisica di sicurezza dei luoghi di destinazione e dei percorsi, attività che comunemente viene chiamata "bonifica".

# CAPITOLO 9

## BONIFICA E RICERCA

La bonifica di un ambiente per eliminare possibile ordigni esplosivi è una attività particolarmente delicata e molto rischiosa. Richiede l'impiego di personale altamente specializzato che, una volta verificata l'eventuale presenza di un ordigno provvede anche al disinnesco.

In questo tipo di attività vengono spesso impiegate squadre di ricerca coadiuvate da cani addestrati a fiutare l'eventuale presenza di sostanze chimiche legate agli esplosivi e che, nel caso, ne segnalano la presenza. In mancanza di artificieri, situazione purtroppo diffusa nelle società di protezione private, la ricerca di ordigni esplosi nascosti nei luoghi di destinazione, lungo i percorsi o nelle autovetture, deve essere effettuata dal personale che si occupa dei sopralluoghi preliminari.

In casi del genere vige una regola aurea: non toccare mai nulla.

## STUDIO PRELIMINARE DELLE VIE DI FUGA

Dopo aver provveduto alla bonifica dei luoghi di destinazione, il team di protezione deve ipotizzare un'eventuale evacuazione individuando le possibili vie di fuga. È necessario che la squadra pianifichi sempre l'eventualità di dover lasciare nel minor tempo possibile il luogo appena raggiunto, attraverso vie di fuga programmate e opportunamente bonificate. Le vie di fuga devono essere facilmente raggiungibili dalla posizione che, presumibilmente, sarà occupata per la maggior parte del tempo dalla persona protetta.

Il percorso per lasciare una sala in condizioni di emergenza deve essere scelto fra quelli che saranno meno frequentati dal pubblico, al fine di evitare ulteriori rischi per la persona protetta. Naturalmente il percorso scelto deve permettere di raggiungere il più comodamente possibile le autovetture, riducendo così al minimo i tempi di esposizione al pericolo del cliente.

Particolare importante e da non sottovalutare: chi che sta effettuando un'attività di controllo ostile può facilmente scoprire quale sarà la via di fuga scelte semplicemente osservando l'attività di bonifica e pianificazione effettuata dal team di protezione. Lo stesso discorso vale per i percorsi stradali.

È fondamentale quindi in questa fase preliminare di bonifica e pianificazione lavorare con la massima discrezione evitando occhi indiscreti.

## PROTEZIONE DI UN LUOGO SICURO

Esiste un solo luogo sicuro ed è quello che è stato opportunamento bonificato e posto sotto stretta vigilanza senza soluzioni di continuità. Un qualsiasi luogo non può essere considerato "sicuro" se, dopo le dovute attività di bonifica, l'ambiente non viene costantemente monitorato da un squadra di sorveglianza.

Se durante un percorso si verifica un incidente di sicurezza tale da costringere il team di protezione a riparare il cliente in un luogo sicuro, si valuterà, prima di tutto, se proseguire l'attività pianificata, oppure se abbandonare totalmente il sito in oggetto.

Ovviamente, costituiscono luoghi sicuri tutti gli ambienti istituzionali sottoposti a stretta vigilanza, in particolare gli uffici e le strutture delle Forze di Polizia.

Dovrà anche essere predisposta una bonifica preventiva di una struttura ospedaliera dove ricoverare in sicurezza la persona protetta in caso di incidenti, malori o ferimenti.

Prima di tutto deve essere presa in considerazione la struttura più vicina all'abitazione o al luogo di lavoro della persona protetta. Tra quelle più vicine però deve essere scelta quella che risponde ai necessari criteri di efficienza.

Successivamente, per ogni spostamento, dovranno essere ricercate altre soluzioni per l'eventuale ricovero ospedaliero nelle città di destinazione.

In ogni caso, dovranno essere stabiliti con la Direzione Sanitaria della struttura ospedaliera prescelta gli opportuni accordi per il ricovero in una zona dell'ospedale che consenta l'attuazione delle misure di protezione anche durante il periodo dell'eventuale degenza.

## SICUREZZA ANTI-INTERCETTAZIONE AMBIENTALE - AUDIO E VIDEO

La "bonifica ambientale" da apparecchi di intercettazione audio o video, posizionati indebitamente negli ambienti occupati dalla persona protetta, è un'attività normalmente delegata a una squadra diversa da quella che si occupa della protezione ravvicinata. La ricerca approfondita di tali apparati, infatti, necessita di apposite conoscenze tecniche e di strumenti adeguati.

Le apparecchiature elettroniche che vengono utilizzate per questo tipo di ricerca sono in grado di rilevare:

- microspie (digitali ed in "vox");
- telecamere e microcamere via cavo o con trasmissione wireless;
- microfoni;
- cellulari di qualsiasi potenza e sistema;
- sistemi WI-FI e bluetooth; qualsiasi dispositivo capace di trasmettere da 0 a 6 Ghz.

Le squadre addette alle bonifiche ambientali svolgono il loro compito attraverso tre funzioni fondamentali:

- "*detect*" (serve a rilevare le emissioni di microspie e microcamere occultate);
- "*radio*" (ascolta direttamente le emissioni radio delle microspie);
- "*pinger*" (serve a rilevare, tramite impulsi sonar, la distanza dalla sorgente di emissione).

Come indicato nella parte riservata alle modalità di attacco al Bene da parte della Minaccia, la illecita acquisizione di notizie riservate relative alla persona protetta, in ordine a dati di natura personale o professionale, può costituire una parte della fase preparatoria di un attacco cruento. Le stesse informazioni possono essere direttamente utilizzate per creare dei danni all'immagine o alla reputazione del protetto.

La ricerca di eventuali microspie o microcamere, posizionate all'interno di un ambiente, deve essere assolutamente effettuata anche in mancanza di personale specializzato e di apparecchiature elettroniche Si tratta di una attenta attività di osservazione da effettuare subito dopo la bonifica per la ricerca di ordigni esplosivi. In questo caso, infatti, è necessario toccare e spostare gli oggetti per guardarli da vicino e con attenzione.

## COSA CERCARE?

Quando si entra nel campo delle intercettazioni audio o video si è portati a pensare, influenzati dai film che abbiamo visto al cinema, di dover combattere contro qualcosa di incredibilmente diabolico o inafferrabile.

Si parla, per la precisione, di microspie ambientali e telefoniche, trasmettitori che sfruttano la rete e la tecnologia GSM, telefoni cellulari modificati, ricetrasmittenti, telecamere e microcamere collegate ai relativi trasmettitori video, o via cavo o in sistema wireless.

Innanzitutto va specificato che l'efficacia di questi sistemi è direttamente proporzionale all'abilità di camuffamento del loro installatore. Così come la loro vulnerabilità è direttamente proporzionale all'esigenza di far durare queste apparecchiature il più a lungo possibile, assicurando a chi le ha installate il massimo rendimento.

Va precisato che le apparecchiature per le intercettazioni ambientali, audio o video, non sono poi così miniaturizzate come si vede nei film e che, per funzionare, quelle utilizzate nel mondo reale hanno bisogno di una fonte di alimentazione. Le zone più vicine a una fonte di alimentazione elettrica sono le prime in cui cercare un apparecchio nascosto, magari all'interno di una presa elettrica o telefonica, di una lampada o di un apparecchio elettrico che non sia esso stesso fonte di suoni o rumori (come ad esempio una televisione).

I sensori antincendio, oppure quelli di allarme volumetrico che possono essere modificati per essere utilizzati anche come sistemi di attivazione dell'impianto di intercettazione audio o video, costituiscono un ottimo nascondiglio per le microcamere o per le microspie.

Se la posizione scelta non consente l'alimentazione dell'apparato attraverso la rete elettrica, è necessario l'utilizzo di batterie. Per utilizzare un apparecchio di questo tipo per un tempo abbastanza lungo lo si deve infatti rifornire di una riserva di energia. Anche in questo caso, per quanto miniaturizzato, si tratta sempre di un elemento che aumenta l'ingombro. È possibile installare impianti dotati di alimentazione all'interno di oggetti di uso comune, sempre che, come ho già detto, non producano rumori (sveglie, orologi da muro ecc.), e non siano posizionati vicino a delle fonti di calore.

È utile ricordare che solo professionisti con la manualità di un neurochirurgo sono in grado di fare installazioni di questo tipo direttamente sul posto senza lasciare graffi, abrasioni o sbavature di colore sull'oggetto "arricchito". Per questo motivo, per non correre il rischio di prelevare dalla stanza l'oggetto da modificare, si tende a assemblare in laboratorio dei soprammobili o altro. Questi oggetti però devono essere costruiti con del materiale che non riduca la sensibilità dell'apparecchio di intercettazione perché, per quanto possa essere piccolo, il microfono deve essere posizionato in modo da "vedere la luce". Inoltre l'oggetto deve essere assemblato in modo da consentire l'accesso, attraverso fondi avvitati o a incastro, al pacco batterie, così da consentirne il ricambio.

Per le microcamere vale lo stesso discorso di massima fatto per le microspie: per quanto miniaturizzate e avanzate possano essere, non riescono a guardare attraverso un corpo solido o liquido. Possono anche avere un obiettivo, piccolissimo, ma deve comunque "guardare" un ambiente attraverso un foro e da un punto sufficientemente alto e illuminato. Inoltre, le telecamere sono molto più legate al bisogno di alimentazione rispetto alle microspie, per questo preferiscono "annidarsi" vicino a una fonte di alimentazione elettrica.

Cercare un apparecchio di questo tipo richiede un'azione fondamentalmente simile, ma per molti aspetti diversa, da quella utilizzata per la caccia agli ordigni esplosivi. Bisogna prima osservare con attenzione, poi toccare, aprire e quindi smontare. In ogni caso, è bene ricordarsi che per la messa in sicurezza degli ambienti normalmente utilizzati dalla persona protetta, qualora non sia possibile un servizio di vigilanza senza soluzioni di continuità, è necessario adoperare degli accorgimenti per verificare indebiti accessi.

Per ricerche di questo tipo risultano sono molto utili riprese video degli ambienti da sorvegliare, con particolare attenzione agli oggetti che possono essere utilizzati per celare insidie che vanno memorizzati (o, meglio ancora, fotografati) e poi controllati al minimo sospetto di alterazioni. Il riesame delle riprese consente di accertare immediatamente possibili cambiamenti, anche minimi, della posizione di un oggetto nella stanza o di alterazioni dello stesso, oppure, la presenza di oggetti nuovi che a prima vista potrebbero sembrare innocui.

Non sono necessarie telecamere ad alta definizione, la qualità e la capacità di memoria di un normale smartphone dotato di videocamera è più che sufficiente.

# CAPITOLO 10

## LA PROTEZIONE DI SITI SENSIBILI, UFFICIO E ABITAZIONE

Quando si parla di fornire protezione a una persona non si può non tenere delle misure di security relativa alla sua abitazione o ufficio. A questo proposito è utile considerare che la sicurezza di un luogo è basata generalmente sui seguenti sistemi di difesa.

VIGILANZA

Il servizio di vigilanza di un obiettivo con finalità antiterrorismo o anti-attentato è parte di un'ampia e complessa attività compresa nell'ambito dei servizi di protezione.

Viene effettuato in modi diversi che vengono comunemente chiamati Vigilanza Fissa, Vigilanza dinamica dedicata, Vigilanza generica radiocollegata e Vigilanza generica a orari convenuti,

## VIGILANZA FISSA

La vigilanza fissa è costituita da due o più operatori che mantengono un presidio continuativo. Gli operatori, addetti alla vigilanza fissa di un sito da proteggere possono stazionare in un posto di guardia predisposto nell'edificio, oppure all'esterno, all'interno di una autovettura o in una struttura protetta. Hanno il compito di supervisionare i sistemi di allarme, il controllo dei transiti pedonali, l'ingresso del personale e dei visitatori e l'accesso dei veicoli.

Questo tipo di vigilanza può essere notevolmente facilitato dall'installazione di sistemi elettronici per il controllo degli accessi di persone e veicoli, costituiti da dispositivi di identificazione (badge, tesserini, scansione delle impronte digitali, ecc.), terminali di lettura, controlli remoti delle aperture delle porte e delle barriere veicolari, metal-detector.

Il presidio dovrà inoltre essere collegato direttamente al team di protezione per segnalare eventuali anomalie e consentire l'attuazione tempestiva dei piani di sicurezza in caso di pericolo. Uno dei compiti più gravosi per il personale di vigilanza consiste nel controllo delle borse o dei pacchi portati al seguito dai visitatori. Attività che può essere condotta con un discreto margine di efficacia solo con l'ausilio di apparecchiature metal-detector.

## VIGILANZA DINAMICA DEDICATA

La vigilanza dinamica dedicata è svolta in via continuativa da una autopattuglia incaricata della vigilanza di più obiettivi compresi in un definito raggio di azione, con il compito specifico di seguire un determinato itinerario senza mai allontanarsi dallo stesso e senza venire distolta altri interventi.

Assume la forma di vigilanza esclusiva qualora l'obiettivo

sia uno solo, in ragione dell'importanza e della peculiare dislocazione territoriale. Questo tipo di vigilanza prevede inoltre la bonifica dell'area dell'obiettivo o dell'abitazione della persona protetta ed eventualmente anche di brevi tratti del percorso utilizzato dal cliente.

## VIGILANZA GENERICA RADIOCOLLEGATA

Nella vigilanza generica radiocollegata l'obiettivo viene inserito fra quelli sottoposti a vigilanza dalle pattuglie delle varie forze di polizia impegnate nel controllo del territorio.

## VIGILANZA GENERICA AD ORARI CONVENUTI

La Vigilanza generica a orari convenuti si sviluppa in maniera simile alla Vigilanza generica radiocollegata, ma con la differenza che vengono fissati degli appuntamenti secondo le esigenze della persona protetta o di particolari avvenimenti nei pressi del luogo da proteggere.

## SISTEMI DI PROTEZIONE E COMPONENTI DI SEGNALAZIONE

I sistemi di protezione e i componenti di segnalazione hanno lo scopo di impedire, o almeno segnalare tempestivamente, l'accesso di estranei non autorizzati all'interno di un luogo o protetto.

I sistemi di protezione si dividono in attivi o passivi a seconda della loro capacità di inviare segnalazioni a un'eventuale centrale di governo e controllo.

In base a dove sono posizionati si dividono in:

- Perimetrali
- Periferici

- Volumetrici
- Componenti di segnalazione e supporto

## PERIMETRALI

I sistemi di protezione perimetrali hanno lo scopo di impedire l'intrusione di persona non autorizzate all'interno di un determinato perimetro. A loro volta si distinguono in Perimetrali passivi e Perimetrali attivi.

I Perimetrali passivi esercitano un'azione deterrente nei confronti del tentativo di intrusione tramite l'impedimento o il rallentamento dell'attività intrusiva. Generalmente si articolano in:

- muri perimetrali;
- reti di recinzione, generalmente costituite da reti d'acciaio zincato che devono ovviamente offrire resistenza adeguata ad attacchi di sfondamento e/o abbattimento;
- sistemi di antiscavalcamento, generalmente filo spinato o rostri di varie misure, volti appunto ad evitare che le recinzioni ed i muri perimetrali vengano scavalcati.

I sistemi Perimetrali attivi vengono sempre o quasi associati ai sistemi passivi con lo scopo di inviare tempestivamente un segnale alla centrale di comando in caso di tentativo di intrusione in corso. Generalmente si articolano in:
- cavi microfonici interrati (cavi che rilevano onde di pressione a bassa frequenza trasmesse attraverso il terreno);
- cavi sensori inerziali (cavi che rilevano le vibrazioni prodotte sulla recinzione dai tentativi di sfondamento e taglio);

- fili tesi (costituiscono una vera e propria recinzione che trasmette automaticamente ogni tentativo di allargamento o di taglio dei propri elementi);
- GPS (Ground Pression Sensor: sensori di pressione di tipo idraulico che rilevano la pressione tramite un sistema pneumatico);
- sistemi a fibra ottica o elettrici intelaiati (si tratta di sistemi intelaiati nella rete di recinzione che generano allarme di rottura o taglio a seguito della conseguente interruzione del flusso di corrente o del flusso di luce);
- campo elettrostatico (costituito da una serie di fili elettrici tesi che generano un campo elettrostatico e inviano segnalazioni di allarme a seguito della sua variazione;
- barriera ad infrarossi (barriera costituita da elementi che rilevano l'interruzione del fascio di infrarossi da parte di un corpo opaco);
- barriera a microonde (barriera costituita da elementi che rilevano le variazioni del segnale tra trasmettitore e ricevente);
- cavo interrato a radiofrequenza (sistema costituito da due cavi interrati paralleli coassiali che rilevano le deformazioni create dalla penetrazione di un intruso all'interno del campo generato tra cavo emettitore e cavo recettore).

## PERIFERICI

I sistemi di protezione periferici hanno lo scopo di proteggere gli accessi ai locali interni al perimetro del sito e si dividono in periferici passivi e attivi.

I sistemi periferici passivi si limitano a impedire o ritardare l'accesso ai locali tramite:

- finestre antisfondamento composte da battenti in lamiera di acciaio e dotate di vetri stratificati con lastre in PVB;
- grate o inferriate;
- porte blindate.

I sistemi periferici attivi, come i sistemi perimetrali, hanno lo scopo di inviare una segnalazione di allarme a una centrale tramite:

- rilevatori di vibrazione (rilevano e reagiscono alle vibrazioni che si registrano sulle superfici vetrate cui sono applicate);
- rilevatori a battente (rilevano e reagiscono al distacco di due rilevatori magnetici, uno fissato sul battente ed uno sulla parte fissa del varco, porta o finestra da tutelare);
- barriere a microonde o infrarossi (come quelle utilizzate nella difesa perimetrale reagiscono a variazioni di calore o di massa).

## VOLUMETRICI

I sistemi di protezione volumetrici hanno lo scopo di tutelare un luogo chiuso tramite la generazione di un campo di energia che satura l'ambiente e le successive rilevazioni di ogni variazione dulla saturazione effettuata. I più utilizzati sono:

- generatori di infrarossi che rilevano la presenza del calore corporeo;

- microonde che rilevano il cambio dei parametri di energia generati da un corpo in movimento;
- doppia tecnologia che associa infrarossi e microonde al fine di ridurre falsi allarmi e le possibilità di accecamento di uno o dell'altro sistema.

## COMPONENTI DI SEGNALAZIONE E SUPPORTO

I componenti di segnalazione e supporto hanno lo scopo di implementare i dispositivi di protezione. Sono apparecchiature che consentono al team di sorveglianza un intervento tempestivo grazie a dispositivi di trasmissione di allarme, illuminazione e Sistema TVCC.

## DISPOSITIVI DI TRASMISSIONE DI ALLARME

I principali dispositivi di trasmissione di allarme sono combinatori telefonici o digitali che trasmettono l'allarme alla centrale di intervento, sirene di allarme da interno o da esterno, oppure semplici lampeggiatori.

## ILLUMINAZIONE

È necessario che il sistema di illuminazione consenta una sufficiente visibilità dell'area da proteggere. Oltre al sistema di illuminazione standard è bene che sia presente un backup per un sistema di illuminazione delle zone in prossimità dei dispositivi antintrusione quando si allarmano.

## SISTEMA TVCC

Il sistema TVCC deve garantire un monitoraggio continuo delle aree critiche, fornendo sia la visione in tempo reale delle stesse che consentendo una ricostruzione a posteriori degli eventi.

Le telecamere vanno posizionate a inseguimento in modo che l'operatore abbia la possibilità di osservare lo spazio inquadrato sempre con lo stesso orientamento, e a un'altezza di almeno 2,60 metri, al fine di evitare atti vandalici.

I segnali video devono poter essere registrati in modalità *time lapse* su un sistema centrale e in real time in presenza di allarme con registrazione disgiunta.

## SICUREZZA DELL'UFFICIO

L'accesso all'ufficio deve essere protetto da un sistema di chiusura elettrica, attivabile anche a breve distanza dal servizio di protezione.

All'interno dell'ufficio è utile l'installazione di vetri oscuranti o tendaggi pesanti per evitare ogni tentativo di sorveglianza dall'esterno. La scrivania deve essere posizionata distante dalle finestre che, ovviamente, devono essere antisfondamento, o almeno coperte da pellicola protettiva che impedisca la frammentazione in caso di esplosione o lancio di oggetti.

Inoltre si deve predisporre un sistema di mail screening program (controllo della posta) per evitare l'introduzione di ordigni esplosivi inseriti nei plichi postali.

## SICUREZZA DELL'ABITAZIONE

Per quanto riguarda la sicurezza ulteriore da predisporre per l'abitazione è necessario assicurarsi che tutti i membri della famiglia e dipendenti di casa non ammettano all'interno nessuno se non chiaramente identificato ed autorizzato.

Bisogna inoltre prevedere un cane da guardia a scopo di difesa e, se vi è spazio, creare all'interno dei locali un safe haven in cui la famiglia possa trovare rifugio in caso di penetrazione di estranei all'interno. Infine puoi rivelarsi molto utile installare un sistema di comunicazione radio bidirezionale tra la persona da proteggere e il team di protezione.

# CAPITOLO 11

## ERRORI DA NON COMMETTERE MAI

*"... non è necessario controllare quella porta ..."*

*"... siamo stati in questa sala dieci volte ed è sempre aperta ..."*

Ecco due frasi tipiche di un operatore di sicurezza che, fallendo completamente la sua missione, sta cercando inutilmente di portare il suo cliente al sicuro.

Quella porta di solito sempre aperta invece, proprio in quel giorno, è bloccata dall'esterno a causa di lavori di ristrutturazione che l'operatore, anestetizzato dalla falsa sensazione di sicurezza causata dall'abitudine non ha verificato.

Abitudine, Staticità, Rilassatezza: tre spettri che aleggiano sul capo di un operatore di protezione e sono sempre pronti a contribuire al suo fallimento. È l'esempio tipico professionista della protezione che incoraggia il suo cliente ad alloggiare sempre nello stesso hotel (abitudine) perché è tranquillo e non deve essere controllato continuamente (rilassamento).

Un altro esempio? Scegliere sempre il percorso più breve per accompagnare il cliente dalla sua abitazione all'ufficio. Anche se quel tratto di strada presenta qualche semaforo è breve e facilmente percorribile da un corteo con auto blindate, ma è sempre lo stesso (abitudine), le soste ai semafori sono un rischio (staticità) e la sua facile percorribilità in relazione alla caratteristica delle auto (rilassamento) è un fattore individuabile nel corso della pianificazione di un atto ostile.

La difesa da questo genere di errori è costituita da una forma mentale allenata a considerare che ciò che è scontato deve essere rivisto costantemente, e che ciò che è sicuro perché già provato deve essere "archiviato" per ricercare uno status migliore.

# CAPITOLO 12

## INFORMATION WARFARE (CERCA DI NON "AIUTARE" IL NEMICO)

Il Dipartimento della Difesa americano definisce l'Information Warfare come *"quelle azioni intraprese per ottenere una superiorità informativa condizionando le informazioni, i processi basati sulle informazioni, i sistemi di nformazione e le reti basate sui computer propri (ovvero quel grado di superiorità nel campo dell'informazione che permette la conduzione delle operazioni senza effettivo scontro)"*.

Anche se si tratta di un concetto che una connotazione tipicamente militare, l'information warfare ha enormi implicazioni anche a livello politico, economico e sociale. Inoltre può essere applicata a 360° per quanto riguarda la sicurezza nazionale, sia in tempo di pace che durante un conflitto.

La cosiddetta "guerra delle informazioni" sfrutta la tecnologia per ottenere la supremazia e ha come obiettivo la supremazia totale da un punto di vista decisionale e operativo.

Le modalità di acquisizione delle informazioni possono essere di diverso tipo:

- attraverso strumenti tecnologicamente sofisticati capaci di captare segnali di varia natura (SIGINT), immagini (IMINT) o di effettuare misurazioni o tracciati (MASINT);
- analisi dei mezzi di comunicazione pubblici per l'acquisizione di fonti aperte (OSINT);
- raccolta delle informazioni ricavate, per cognizione diretta o mediata, attraverso l'opera delle tradizionali fonti umane (HUMINT).

## INTELLIGENCE

Con il termine "intelligence" si indica sia un particolare tipo di conoscenza, la cui particolarità sarà discussa a breve, sia l'organizzazione che lavora per produrre e difendere quella conoscenza, sia ancora l'insieme delle attività svolte da questa organizzazione. Per facilità di comprensione userò il termine "intelligence" nella prima accezione, mentre per le altre due accezioni utilizzerò le espressioni "organizzazione di intelligence" e "attività di intelligence".

L'intelligence può essere definita come il prodotto a valore aggiunto risultante dalla raccolta, valutazione, analisi, integrazione e interpretazione di tutte le informazioni disponibili che riguardano uno o più aspetti necessari a prendere una decisione. Com'è facile immaginare dunque si tratta di un elemento potenzialmente significativo per arrivare a prendere una decisione corretta (Fleisher & Bensoussan, 2003).

Un'altra caratteristica dell'Intelligence è quella di trattare di argomenti o informazioni classificate o altamente riservate. Questa caratteristica è sempre meno vera con l'avvento della nuova era dell'informazione, dato che molte delle informazioni che fino a qualche tempo fa erano considerate classificate oggi sono liberamente in commercio, o addirittura reperibili gratuitamente su Internet.

Il termine intelligence tende poi a indicare, quando non meglio specificato, l'intelligence istituzionale, di Stato, ovvero quella che tratta informazioni militari o di politica internazionale.

Per gli altri ambiti di applicazione si usano le declinazioni di Competitive Intelligence, per quanto riguarda l'intelligence aziendale, e di Investigative Intelligence per quanto riguarda l'intelligence applicata alla lotta alla criminalità organizzata.

## IL RUOLO DELL'ANALISTA DI INTELLIGENCE

L'analista è la figura che si occupa di trasformare i dati grezzi, raccolti attraverso i diversi canali informativi, in materiale adatto a essere compreso e utilizzato dallo staff direttivo, ovvero da quelle figure che all'interno di un'organizzazione si occupano di definire le strategie o di effettuare le scelte. Soltanto grazie al lavoro dello staff direttivo la semplice informazione diventa "intelligence" in senso propriamente detto. L'analista, quindi, si occupa di organizzare, verificare e rendere facilmente comprensibile l'informazione.

Nel mondo attuale, sempre più ricco di informazioni di facile accesso ma spesso di difficile interpretazione, la figura dell'analista sta acquistando un ruolo preponderante all'interno del Ciclo di Intelligence.

Il crescente volume di informazione disponibili (i cosiddetti "Big Data") ha assunto un ruolo di fondamentale importanza: spesso, infatti, non è la carenza di informazione bensì la loro sovrabbondanza a creare problemi interpretativi, fattore che rende sempre più complesso e necessario il lavoro dell'analista.

L'abbondanza di dati fa crescere a dismisura le nozioni metodologiche e tecnologiche che l'analista deve avere a disposizione per poter svolgere in modo proficuo il suo lavoro (di qui il bisogno di avere a disposizione "Smart Data"). In questo contesto il mondo istituzionale ha maturato la consapevole necessità di una "... nuova centrale figura dell'analista (la quale va a distinguersi nettamente dal tradizionale agente investigativo quanto a competenze possedute nonché a collocazione e mansioni organizzative assegnate)" (Nicolò Pollari, Economia e sicurezza nazionale: obiettivo di un moderno Servizio di intelligence - Seminario di Roma, 1-2 marzo 2001).

La tecnologia non è comunque l'unico strumento a nostra disposizione. Nel campo dell'intelligence l'analisi è un processo che impiega metodi scientifici e non, mescolando intuizione ed esperienza, modelli matematici e simulazioni al computer, buon senso e metodologia formale.

Il prodotto finale dell'intelligence, elaborato dall'analista, è orientato a diversi ambiti di interpretazione. Secondo Jan P. Herring (Herring, 1996), che si occupa di Competitive Intelligence, questi sono gli ambiti principali dell'intelligence classica:

- prevenire sorprese alla propria organizzazione fornendo servizi di *early warnings*;
- supportare il processo decisionale;
- individuare e mantenere sotto controllo i competitor;
- contribuire a sviluppare strategie;
- svolgere un ruolo chiave nella raccolta e il reporting delle informazioni.

Nel mondo istituzionale, come riporta Abram Shulsky (Shulsky & Schmitt, 2002), i diversi aspetti di intelligence sono invece i seguenti:
- *Indication and Warnings*, per individuare gli orientamenti e i segnali precursori di pericoli e minacce;
- *Current Intelligence*, rappresentazione dello stato dell'Intelligence aggiornato puntualmente;
- *Basic Intelligence*, rappresentazione delle conoscenze riguardanti i più disparati argomenti che possono interessare l'organizzazione d'appartenenza;
- *Periodic Reports*, stato dell'arte per quanto riguarda le organizzazioni (o le nazioni) antagoniste;
- *Intelligence Estimates*, l'intelligence previsionale in grado di disegnare gli sviluppi futuri permettendo lo sviluppo di piani strategici.

È facile notare come ci sia una corrispondenza quasi puntuale dei diversi prodotti, fra l'ambito aziendale e quello istituzionale, a riprova del fatto che i due mondi sono sempre più vicini e convergenti. Le differenze fra i due campi di applicazione sono soprattutto sul contenuto del lavoro di analisi, oltre che sulle fonti di approvvigionamento dell'informazione.

Qualunque sia l'ambito di interesse dell'analista, e qualunque sia il tipo di Intelligence che è chiamato a produrre, possiamo evidenziare che il processo di analisi si deve sviluppare secondo tre momenti distinti: descrizione, spiegazione e previsione. Queste tre fasi, le stesse del metodo scientifico, permettono di esplicitare gli assunti, di individuare leggi e correlazioni e infine di formulare teorie. La differenza fondamentale tra il lavoro di ricerca scientifica e quello di analisi d'Intelligence sta nell'approccio, generalista nel primo caso e analitico nel secondo.

## L'ANALISTA ALL'INTERNO DEL CICLO DI INTELLIGENCE

Il ruolo dell'analista è parte integrante del cosiddetto Ciclo di Intelligence. È necessario quindi introdurre il concetto di Ciclo di Intelligence descrivendo accuratamente tutti i suoi componenti.

## IL CICLO DI INTELLIGENCE

Il ciclo di Intelligence mette in relazione le diverse fasi del processo di elaborazione e conoscenza. È un ciclo poiché non c'è soluzione di continuità tra la risposta ai needs e la nuova richiesta di informazione derivante dall'elaborazione precedente.

Partendo per semplicità dalla fase della richiesta, i decisori, politici o aziendali, determinano una domanda in base alle loro necessità strategiche.

A una fase di planning in cui si decidono le strategie di acquisizione dell'informazione, segue una fase di raccolta, più o meno segreta e più o meno rischiosa a seconda che si stia parlando di piani militari o di piani di marketing, dell'informazione stessa.

Una volta che si è giunti in possesso delle informazioni necessarie, si prosegue con la fase di analisi e di produzione dell'intelligence vera e propria, la quale verrà a questo punto distribuita, innanzitutto ai richiedenti ma anche a tutte le altre strutture che si suppone possano trarne vantaggio.

L'analista partecipa al ciclo in diversi punti, non soltanto nell'ovvia fase di analisi e reporting, ma anche nella fase di planning determinando il tipo di analisi necessaria, e nella fase di raccolta dati determinando il tipo di informazione di cui si ha bisogno per quel determinato problema.

## RAPPORTI CON LE FONTI

Nel mondo dell'intelligence, il termine "fonte" sta a indicare qualunque sorgente di informazione, per cui si indicano con lo stesso termine generico l'informatore umano o il database aziendale, così come la fotografia satellitare o l'intercettazione telefonica.

Storicamente invece la fonte era soprattutto l'informatore o l'infiltrato in campo nemico, quando questa era l'unica modalità per ottenere informazioni dal campo avverso.

Al giorno d'oggi, oltre alla storica figura dell'informatore, denominata più istituzionalmente HUMINT (HUMan INTelligence), l'analista può far ricorso a diverse tipologie fonti. Una grande varietà di queste fonti posso essere accolta sotto il nome generico di TECHINT (TECHnical INTelligence), l'intelligence raccolta attraverso mezzi tecnologici.

L'altra parte fondamentale invece è l'OSINT (Open Source INTelligence), l'analisi delle fonti aperte, che prende in considerazione le informazioni disponibili in rete, sulla stampa, sulle banche dati pubbliche e che comunque sono a disposizione di chiunque.

Il ruolo dell'analista è anche quello di individuare con cura quale modalità di raccolta dati intraprendere, avendo ben chiari pregi e difetti di ognuna. È fondamentale ricordare a questo proposito che uno degli errori più frequenti dell'analisi è quello di basarsi non sui dati necessari, ma su quelli che si hanno a disposizione. Solo una fase preparatoria accurata ci permette di non incappare in questo tipo di errore, o per lo meno di renderci conto della inadeguatezza dei dati in nostro possesso.

## HUMINT

Fino a pochi decenni fa la HUMINT era l'unica fonte per la raccolta dati agli scopi di intelligence. La stragrande maggioranza dello spionaggio, prima fra gli alleati e il blocco nazista, e dopo fra i due blocchi della guerra fredda, si basava infatti o sulla figura dell'informatore, del defezionista e dell'infiltrato.

Nel caso dell'intelligence istituzionale, si fa sempre più difficile definire strategie chiare di contatto con la controparte, soprattutto a causa dei diversi tipi di contrasti a livello internazionale. Nella contrapposizione tra il blocco occidentale e il mondo del fanatismo religioso islamico o il terrorismo internazionale, non è più pensabile ragionare con gli stessi schemi usati fino a pochi anni fa. Oggi infatti è molto difficile pensare di riuscire a infiltrare facilmente un proprio agente all'interno di un gruppo islamico o terroristico basato spesso su legami famigliari o tribali, né di convincere alla defezione persone profondamente motivate da convinzioni religiose o profondamente ideologiche.

Nel caso dello spionaggio industriale invece la HUMINT rimane uno dei capisaldi della raccolta di informazione, sia tramite il contatto diretto con il dipendente dall'azienda "nemica", sia attraverso l'opera di personaggi che pur essendo estranei all'azienda hanno facilità di accesso ai dati, come ad esempio il personale delle pulizie o i consulenti informatici.

Nel caso della HUMINT il ruolo dell'analista è molteplice, dovendo occuparsi di una prima individuazione del target nel caso di un nuovo reclutamento, specie in relazione all'obbiettivo informativo individuato, poi di un giudizio sulle possibile motivazioni, e quindi sulla futura lealtà e disponibilità dell'agente, e infine nella valutazione del materiale ricevuto per spogliarlo di tutti i possibili inquinamenti interpretativi che possono essere avvenuti nella fase di raccolta.

Per quanto riguarda la seconda fase, quella di valutazione delle motivazioni, sono stati effettuati moltissimi studi, sia a carattere sociale sia psicologico, per individuare e classificare le caratteristiche salienti che rendono l'indole umana più o meno incline al "tradimento". Senz'altro un quadro molto particolareggiato del potenziale agente è necessario per poter individuare pregi e difetti. In quest'ottica è stato definito da Luigi Emilio Longo (Longo, 2003) un metodo, detto I.B.A., attraverso il quale vengono formalizzate tutte le informazioni necessarie a inquadrare l'operatore. In particolare vengono analizzate le caratteristiche fisiche ed estetiche, lo stato di salute, lo schema storico (personale e famigliare), il carattere e il temperamento, i presupposti ideologici, il comportamento sociale e le abitudini, il lavoro e l'ambiente sociale acquisito.

Per ognuna di queste caratteristiche è poi presentata una lista dettagliata delle informazioni da acquisire fino ad avere un quadro completo della figura.

# TECHINT

La raccolta di informazioni attraverso strumenti tecnologici è iniziata durante la prima guerra mondiale con le prime fotografie aeree del campo nemico, e ha proseguito la sua corsa fino ai giorni d'oggi, diventando negli ultimi anni al fonte d'accesso privilegiata alle informazioni.

Il progredire della tecnologia ha poi aperto altre strade per la raccolta di informazioni, e il contemporaneo trasferimento della comunicazione su mezzi elettronici o digitali ha fatto il resto. Al giorno d'oggi qualunque comunicazione umana è virtualmente intercettabile e acquisibile da parte di chiunque, rimane semmai il problema di come trattare l'enorme quantità di dati raccolti e di riuscire a individuare le informazioni importanti come ho già detto in precedenza.

L'unico mezzo di contrasto all'intercettazione delle comunicazioni è l'utilizzo dei meccanismi di cifratura, che per lo meno possono rendere più complessa l'acquisizione delle informazioni. I nuovi meccanismi di crittografia quantistica permettono inoltre di evidenziare l'avvenuta intercettazione del messaggio, rendendo così inutile l'intercettazione stessa.

Negli ultimi trent'anni, soprattutto da parte delle grandi agenzie di intelligence statunitensi, c'è stato un enorme incremento dell'importanza attribuita alla TECHINT. La convinzione di fondo è quella di riuscire a scoprire e prevedere ogni possibile minaccia con l'analisi delle foto e delle comunicazioni. Purtroppo l'esperienza e le ultime sconfitte dell'Intelligence hanno dimostrato che non è così: né le foto aeree né le intercettazioni telefoniche o di altre comunicazioni sono riuscite a dare informazioni ad esempio sugli attentati terroristici dell'11 settembre.

Uno dei limiti della SIGINT (SIGnal INTelligence), l'intelligence della intercettazione del segnale (e quindi delle comunicazioni), è infatti quello di essere ormai annegata da una enorme quantità di segnali e di informazioni che rendono estremamente difficile la ricerca di materiale utile. Questo non significa che l'acquisizione di tale materiale sia inutile, casomai che è necessario un ulteriore forte investimento sulla tecnologie di classificazione e catalogazione dell'informazione così ottenuta, nonché sulle risorse umane addette a tradurre e a capire il vero significato di quanto intercettato.

Nell'ambito della TECHINT il ruolo dell'analista è comunque quello di determinare la strategia di acquisizione delle informazioni, oltre che ovviamente le informazioni necessarie, e una volta acquisite le stesse, in collaborazione con i tecnici di settore, di estrarre il contenuto interessante per renderlo in forma comprensibile.

## OSINT

Nel caso delle informazioni che provengono da fonti aperte, le problematiche sono legate alla sovrabbondanza di dati, che spesso rende difficile, se non impossibile, decifrare l'informazione desiderata. Sono stati comunque implementati diversi tools per aiutare l'analista nel suo compito, dagli strumenti di DataWareHouse al Data Mining e al Text Mining.

L'analista, in questa fase di raccolta dati e quindi di interazione con le fonti in senso lato, assume un duplice ruolo. Dapprima ha il compito di determinare il tipo di dato necessario e le modalità di raccolta del dato stesso, poi, una volta che l'informazione è stata archiviata inizia il lavoro di analisi vero e proprio, ovvero la trasformazione dell'informazione in intelligence e uindi in informazione validata, interpretata e pronta per essere passata al livello politico o di guida aziendale.

Ovviamente in questa fase il lavoro dell'analista è coadiuvato da personale specializzato e da tools o metodologie che gli permettono di portare a termine al meglio il suo lavoro.

. Le fonti aperte, ovviamente non permettono l'accesso a informazioni segrete, che sono il vero scopo dell'Intelligence, ma spesso consentono di determinare scenari o avere conferme indirette (grazie ai comportamenti o alle dichiarazioni della controparte) di informazioni non ancora note.

## IL RAPPORTO CON CHI DECIDE

Al termine del Ciclo di Intelligence l'analista comunica le proprie conclusioni al livello decisionale che ha fatto partire il ciclo stesso. Le conclusioni devono essere espresse in modo breve, conciso e preciso. Ciò implica che oltre alla fase di analisi vera e propria, si richiede all'analista anche una fase di sintesi del proprio lavoro a uso e consumo del decisore politico o aziendale. Questa fase è considerata talmente importante per la figura dell'analista istituzionale, che diversi manuali di formazione le dedicano diversi capitoli.

Ad esempio, il manuale "Analytic Thinking and Presentation for Intelligence Producers", (disponibile online) uno dei manuali di istruzione della CIA per le proprie corrispondenze all'estero, traccia un dettaglio dei requisiti necessari per redigere una presentazione che sintetizzi in modo corretto l'attività svolta dall'analista nelle precedenti fasi di lavoro. La presentazione, secondo il manuale, può diventare un momento importante anche per l'analista, dato che è uno stumento per dimostrare pubblicamente le proprie capacità.

I concetti fondamentali evidenziati dal manuale sono collegati direttamente alle necessità del livello decisionale a cui sarà esposta la presentazione. In funzione di queste esigenze emergono le seguenti condizioni:

- fornire la presentazione in un formato condiviso per non dover distrarre l'attenzione dal contenuto;

- pochissimo tempo a disposizione (e in misura inversamente proporzionale all'importanza del contenuto).

Il fattore tempo spesso determina la riduzione di settimane o mesi di lavoro solamente a una o poche slide. Questa situazione può apparire esageratamente riduttiva all'analista, che innestando una reazione di insoddisfazione inconscia ha un atteggiamento di rifiuto verso la presentazione stessa. Questo senso di frustrazione del resto è perfettamente intuibile. È infatti normale, per chiunque produca informazioni, aspettarsi di avere a disposizione una quantità di spazio e tempo adeguata all'importanza e al valore dei contenuti elaborati. Nel campo dell'Intelligence vale l'assioma contrario: più è importante ciò che si ha da dire, più indaffarato sarà il nostro interlocutore e più la nostra presentazione dovrà essere breve e concisa.

Dall'analisi del rapporto tra analista e decisore emerge un altro dettaglio degno di nota: la presentazione dell'elaborato è un one-shot. Non c'è spazio quindi, per errori o tentennamenti nell'esposizione, la prima impressione è quella che conta. Per questo motivo il manuale già citato consiglia all'analista di definire in maniera precisa la presentazione in ogni singolo dettaglio. Nulla deve esser lasciato al caso e ogni singolo elemento deve valutato e definito. Deve essere attribuita la giusta importanza alla grafica, possibilmente attraverso l'uso di strumenti multimediali che siano di supporto ai contenuti testuali, ma anche all'esaustività dei testi che rappresentano la verbalizzazione concisa delle fasi di analisi eseguite dall'analista. Personalmente consiglio sempre di utilizzare un'infografica per illustrare al meglio i risultati dell'analisi.

Nella fase di Dissemination del Ciclo di Intelligence infatti il destinatario del prodotto di Intelligence può essere esterno al ciclo stesso. In questo caso la presentazione deve avere un taglio completamente diverso. Deve essere corposa e arricchita di contenuti speciali, per permettere a chi ne usufruisce di apprendere tutti i particolari del processo analitico e, quindi, tutte le complesse implicazioni dell'analisi svolta.

## GLI STRUMENTI A DISPOSIZIONE DELL'ANALISTA

Il duro lavoro dell'analista è agevolato da una serie di strumenti metodologici e tecnologici, particolarmente utili da utilizzare soprattutto nelle situazioni in cui si ha un surplus di dati, oppure nel caso opposto e cioè quando si è riusciti a raccogliere poche informazioni. Ovviamente le metodologie e gli strumenti tecnologici sono solo supporti alla attività dell'analista, che deve comunque basare scelte e decisioni sulla propria capacità critica. Qualsiasi metodologia utilizzata è inutile migliorare la qualità dell'informazione, ma può invece essere di grande aiuto per identificare errori o lacune nell'informazione stessa. Nessuna metodologia può comunque eliminare le fonti di incertezza o predire comportamenti inaspettati

## STRUMENTI METODOLOGICI

Le metodologie di analisi sono criteri sistematici stabiliti e definiti per gestire e organizzare l'informazione, con l'obiettivo di sviluppare la conoscenza e, di conseguenza, la decisione finale. Sono metodologie che spaziano dalla banale classificazione di eventi all'uso di programmi informatici per l'elaborazione di scenari. Secondo una moderna scuola di pensiero (Fleisher & Bensoussan, 2002), le diverse metodologie possono essere classificate in base a sei caratteristiche fondamentali:

- Orientamento al futuro: la storia non aiuta a predire il futuro e un'analisi svolta basandosi sull'esperienza del passato può essere priva di significato, specie in un mondo come quello attuale in cui gli eventi sono sempre più scollegati dal passato. Una buona metodologia deve poter aprire nuove prospettive, guardando in profondità verso il futuro.

- Accuratezza: l'analista deve produrre un'intelligence che sia il più possibile accurata. Il livello di accuratezza deriva in modo particolare dalla qualità dei dati e delle informazioni ottenuti durante le precedenti fasi del processo di produzione dell'intelligence. Un alto livello di accuratezza diventa difficile da raggiungere se i dati ricavati provengono da un'unica fonte, o se non hanno subito un adeguato processo di validazione. L'accuratezza, fra tutte le caratteristiche, è quella a cui si può più facilmente rinunciare. Spesso è infatti sufficiente una visione prospettica delle problematiche.

- Sfruttamento efficiente delle risorse: ovviamente la raccolta dati deve essere effettuata in modo che i costi relativi a questa fase del Ciclo di Intelligence siano, sotto qualunque ottica li si voglia considerare, minori dei beneficio che ne può derivare. Oltre ciò è necessario che la raccolta dati avvenga in tempi non paragonabili con le necessità d'urgenza espresse dai decisori.

- Obiettività: spesso l'attività di analisi è influenzata da precondizionamenti legati all'ambiente e all'organizzazione in cui l'analista si muove. Una buona metodologia dovrebbe aiutare l'analista a superare questi precondizionamenti creando un framework iniziale in grado di annullare queste influenze.

- Utilità: per definizione il lavoro dell'analista dovrebbe rispondere alle necessità espresse dal livello decisionale, in un particolare contesto. Un utile ausilio metodologico dovrebbe aiutare l'analista a produrre output relativi alle "cose necessarie da sapere" rispetto alle "cose utili da sapere".

- Attualità: un'altra delle caratteristiche dell'analisi dovrebbe essere quella di produrre intelligence attuale in tempi utili per l'applicazione dei risultati. In contesti particolarmente turbolenti e competitivi il tempo utile per sfruttare l'Intelligence è sempre più ristretto, per cui una buona metodologia dovrebbe aiutare l'analista a produrre risultati in tempi tanto più rapidi quanto più è dinamico il contesto da analizzare.

Nell'ambito dell'intelligence istituzionale le più semplici metodologie per ridurre la complessità a dimensioni facilmente gestibili sono quelle di classificazione ordinata, (cronologicamente, per fonte o per evento), in modo da permettere una facile comprensione delle relazioni di causa ed effetto. Altre metodologie sono invece legate al pensiero sistemico, ovvero alla modalità di visione dei problemi mediata dalla teoria generale dei sistemi di Weinberg e Von Bertalanffy.

Queste metodologie sono quelle dell'analisi delle opportunità, dell'analisi degli scenari alternativi o degli stakeholder o dell'analisi delle ipotesi in competizione o della risoluzione dei conflitti.

Per aggiungere sofisticazione ulteriore alle analisi effettuate possono poi risultare utili alcune metodologie formali, sia di tipo qualitativo (come ad esempio l'analisi degli indicatori per seguire l'evoluzione delle situazioni), sia di tipo quantitativo o semi quantitativo (come i diagrammi di influenza formale o l'analisi statistica applicata a dati demografici o economici). Nell'ambito dell'intelligence economica sono stati sviluppate numerose metodologie di analisi, la maggior parte delle quali si basa su dati macro e microeconomici che possono essere raggruppati in cinque grandi categorie:

- Tecniche analitico strategiche: la caratteristica comune a questo insieme di tecniche è l'analisi delle capacità e degli scopi di un'organizzazione, e delle caratteristiche dell'ambiente in cui si muove allo scopo di determinarne la pianificazione strategica, arrivando anche a una ridefinizione dell'organizzazione se questa fosse la scelta migliore per un ambiente estremamente competitivo. La più nota tra queste metodologie è la "SWOT analysis" che prende in considerazione Strengths (punti di forza) e Weaknesses (debolezze) di una organizzazione, confrontandole poi con Opportunities (opportunità) e Threats (minacce) offerte dall'ambiente circostante.
- Tecniche di analisi di clienti e concorrenti: q questa metodologia riguarda la catena di valore in termini di offerta e necessità. Si considerano sia le caratteristiche della clientela, sia le offerte presentate dalla concorrenza, cercando di individuare incoerenze o lacune da sfruttare in maniera strategica da parte dell'organizzazione che effettua l'analisi.
- Tecniche di analisi dell'ambiente: questo gruppo di metodologie è legato al "pensiero sistemico". L'analisi viene

effettuata osservando elementi esterni, considerando come questi elementi possono svolgere un ruolo attivo nell'evolvere di una situazione, ed elaborando strategie che possono tenere conto della presenza di costrizioni esterne per trarne vantaggio.

- Tecniche di analisi dell'evoluzione: attraverso queste tecniche si applicano le regole che descrivono la vita di prodotti e tecnologie per predire eventuali scenari in cui si possono evidenziare potenzialità di mercato.

- Tecniche di analisi finanziaria: queste tecniche di analisi, riguardanti lo stato finanziario delle organizzazioni, servono ad indicare quali possono essere gli investimenti strategici separandoli dalla gestione operativa, allo scopo di determinare la migliore gestione dei fondi in funzione delle crescite preventivate.

## STRUMENTI TECNOLOGICI

Gli strumenti tecnologici a disposizione dell'analista sono fondamentalmente di due tipi: quelli necessari alla comprensione dei dati e delle informazioni (come i software per la decifrazione o per l'acquisizione di immagini e testi), e quelli utili per la ricerca attiva di informazione all'interno di grandi banche dati (come i tool di *data warehouse*, *data mining* o *text mining*).

Per quanto riguarda la prima categoria di tool, è senz'altro banale identificare le necessità dell'analista, senza confonderle con le necessità proprie della fase di acquisizione.

Non si considerano quindi tutti gli apparecchi o i software necessari a intercettare, acquisire, fotografare o registrare dati e informazioni, bensì quelle *utilities* che permettono all'analista di effettuare al meglio il suo lavoro, confrontando dati o immagini acquisiti in tempi e modi diversi, oppure manipolando informazioni, suoni o immagini finché questi non assumono valori significativi, o almeno comprensibili.

Per queste necessità non c'è che l'imbarazzo della scelta: il mercato offre una grande quantità di tecnologie utili a risolvere questi problemi.

La seconda categoria di strumenti tecnologici è senz'altro più interessante dal punto di vista tecnico.

Si tratta di strumenti di Knowledge Discovery che permettono di evidenziare relazioni o comportamenti all'interno di grosse quantità di dati, in situazione in cui la capacità analitica umana non è sufficiente e, soprattutto, in cui a priori non si ha idea di quali saranno le evidenze che potranno emergere.

L'approfondimento di questi strumenti non può essere oggetto di questo manuale ma l'analisi OSINT può trarre un importante apporto da queste nuove tecnologie.

## CONCLUSIONI

Il ruolo di analista di Intelligence sta diventando sempre più complesso e specializzato.

Le competenze di un buon analista vanno dalle basi del metodo scientifico alle diverse metodologie formali, senza trascurare un ottimo background tecnologico che consente, se non un intervento in prima persona, per lo meno un'ottima comprensione delle problematiche e delle applicazioni.

La crescente quantità di dati grezzi a disposizione rende l'analista sempre più indispensabile al livello decisionale.

Nel passato non è stato raro il caso di decisori politici (o aziendali) che trascuravano il momento di analisi per accedere direttamente al materiale raccolto dalle fonti, ma con l'enorme quantità di dati e informazioni disponibili al giorno d'oggi un atteggiamento di questo tipo non è più concepibile.

La figura dell'analista è diventata così il pilastro fondamentale dell'Intelligence moderna, sia nel campo aziendale sia nel mondo istituzionale.

# CAPITOLO 13

## SPIARE È BENE,
## NON FARSI SPIARE È MEGLIO

È possibile mettere in atto delle contromisure per contrastare l'attività di ricerca di informazioni effettuata dalla fonte di Minaccia? Vediamo insieme cinque mosse che non sono poi così difficili da attuare.

### EVITARE DI FARSI SPIARE

Realizzare un attentato o un sequestro di persona, richiede una pianificazione attenta e accurata per definire il tempo, le modalità operative, il luogo ed i mezzi da utilizzare.

La storia insegna che i gruppi terroristici, oppure le organizzazioni criminali, nella fase preparatoria di un attentato dispiegano le loro forze migliori. Si tratta di un processo di pianificazione, teso ad ottenere il massimo risultato con il minimo rischio, processo che parte sempre con lo studio della vittima e del suo sistema di protezione. I potenziali attentatori o rapitori studiano le abitudini di diverse persone-obiettivo per determinare quale sia il bersaglio più facile. Al termine di questa fase di analisi decidono dove, come e quando operare.

L'analisi di attentati realizzati con successo dalle organizzazioni terroristiche, evidenzia il notevole sforzo profuso nella raccolta delle informazioni sulla potenziale vittima. Questa raccolta di informazioni confluisce nella così detta "inchiesta", secondo il gergo eversivo, contrassegnata dalla catalogazione maniacale delle notizie utili per gli attentatori.

Di tutte le azioni di pianificazione del progetto terroristico, la sorveglianza e il sopralluogo preliminare sono le uniche che avvengono in vista della potenziale vittima. Quindi sono anche le uniche che possono essere scoperte anche in assenza di una specifica azione investigativa contro la fonte di Minaccia. Gli agenti della Minaccia, operano in un ambiente a loro potenzialmente ostile. L'attività di sorveglianza che conducono aumenta la loro soglia di rischio. Per dissuaderli e costringerli ad abbandonare il piano, può essere sufficiente far sorgere negli attentatori il sospetto di essere stati scoperti.

È quindi importante, che l'apparato di sicurezza mostri la sua attenzione verso chi sembra seguirlo e che sia in grado di mostrare un atteggiamento attivo, finalizzato all'individuazione del pedinamento o dell'osservazione. Anche la semplice dimostrazione di conoscenza di tecniche di contro-sorveglianza può essere sufficiente a dissuadere degli aggressori non sufficientemente motivati.

È bene precisare che, contrariamente a quanto si creda, le tecniche di contro-sorveglianza costano poco a di là del tempo dedicato alla loro pratica, e non necessitano di apparecchiature sofisticate. La sorveglianza può essere divisa in statica e dinamica e applicata in forma disgiunta e congiunta, realizzando un sistema misto di difficile individuazione.

Per la sorveglianza statica è necessario utilizzare un posto di osservazione come un veicolo, una struttura temporanea, un immobile, un appartamento, un negozio dal quale tenere sotto controllo l'obiettivo senza correre il rischio di essere scoperti. In questo tipo di sorveglianza, gli osservatori non si muovono. Predispongono una rete di posti di osservazione fissi e attendono il passaggio del soggetto passivo.

I posti di osservazione, generalmente, sorgono dopo che la fonte di Minaccia ha deciso di intraprendere una attività di "inchiesta" sulla sua potenziale vittima. Devono essere occupati abbastanza a lungo, in modo da consentire di determinare con certezza gli usuali tragitti della persona-obiettivo. La sorveglianza statica facilita l'osservatore per l'annotazione delle informazioni e per la possibilità di scattare fotografie o effettuare riprese video.

I sorveglianti che occupano il punto di osservazione iniziale devono poter vedere chiaramente il posto da cui inizierà l'attività di sorveglianza (quasi sicuramente la casa o l'ufficio della persona-obiettivo).

Come il team di sorveglianza può vedere la persona obiettivo, anche quest'ultima però può vedere i membri del gruppo così come possono farlo i membri dell'eventuale team di protezione della Minaccia. P Perciò, la vittima potenziale, o il suo apparato di protezione, deve fare attenzione quando si reca in nuove strutture, oppure se scorge sul suo cammino costruzioni insolite (soprattutto prefabbricati), oppure se note veicoli poco familiari. Gli osservatori per le loro attività possono sfruttare anche strutture già esistenti come appartamenti o uffici. Anche in questo caso si possono notare dei segnali d'allarme, ad esempio volti nuovi, persone affacciate troppo spesso alle finestre, veicoli parcheggiati diversi dal solito.

Una volta individuato un potenziale luogo di osservazione occorre accertare che la gente al suo interno non dimostri un particolare interesse nei confronti del nostro cliente, utilizzi apparecchiature di videoregistrazione o fotografiche, effettui chiamate o si fermi spesso ad annotare appunti quando la persona protetta lascia la casa o l'ufficio.

La sorveglianza dinamica, a piedi o su automezzo, generalmente richiede l'impiego di più di una persona. Inevitabilmente infatti ci si deve muovere quando l'obiettivo si sposta. Se la sorveglianza dinamica viene applicata insieme a quella statica, si è in presenza di una attività di preparazione molto avanzata che ha già stabilito i suoi percorsi di interesse. In questo caso, il gruppo di sorveglianza, coordinato dal punto di osservazione iniziale, permette alla persona-obiettivo di spostarsi liberamente in zone che non interessano l'attività di pianificazione, pronto a stringersi sulla sua preda in luoghi e occasioni predefinite. Questo tipo di sorveglianza congiunta può essere usato efficacemente anche nei confronti di obiettivi che utilizzano percorsi abitudinari. Una rete di sorveglianza strutturata con la dislocazione di punti di osservazione fissi alternati alla vigilanza dinamica, permette un'azione di difficile rilevamento.

Per svolgere una efficace sorveglianza a piedi, in grado di agire senza perdere di vista l'obiettivo e senza farsi scoprire, sono necessarie più persone. Almeno una persona deve seguire l'obiettivo ed essere immediatamente sostituita se percepisce di essere stata scoperta. Un'altra invece si muove in anticipo rispetto alla persona obiettivo. Per prevenire eventuali cambi improvvisi di direzione dovrebbero essere coperti anche i fianchi. Finora abbiamo contato almeno 4 persone, intercambiabili fra loro nelle posizioni. È possibile, applicando un'attenta e mirata azione di osservazione dell'ambiente circostante al movimento della persona-obiettivo, riuscire ad accorgersi della presenza di un team di sorveglianza, considerando attentamente e sfruttando a proprio vantaggio le sue stesse caratteristiche. Occorre prima di tutto considerare che il gruppo di sorveglianza deve rimanere sufficientemente vicino alla persona obiettivo per non perderla di vista. È quindi costretto a restare costantemente nelle sue immediate prossimità. Una situazione del genere obbliga i membri del gruppo a mettersi in movimento non appena la persona-obiettivo si sposta. Questo naturalmente a meno a che non venga attuata una sorveglianza mista, ovvero statica e dinamica.

Prima di lasciare l'edificio, gli operatori del team di protezione devono anticipare l'uscita della persona-obiettivo all'esterno. Una volta all'esterno devono studiare i soggetti presenti nella zona e memorizzare le caratteristiche che non si possono facilmente modificare, come i tratti fisici peculiari. Una prima regola di contro-pedinamento è quella di stabilire volontariamente un contatto visivo con la persona che secondo noi potrebbe seguirci. È utile inoltre attuare delle manovre di inganno e di diversione, come, percorrere alcuni passi nella direzione sbagliata, magari fingendo un movimento d'anticipo per fare poi dietro front all'improvviso e prendere nota di chi ha cambiato direzione insieme a noi.

Mentre si cammina è utile variare la velocità: chiunque affretti il passo quando la persona protetta e il suo team di protezione accelerano l'andatura, o si fermi a guardare le vetrine quando invece rallentano, risulterà infatti sospetto. Allo stesso modo sarà sospetto chi viene notato all'inizio e alla fine del tragitto percorso dalla persona protetta, oppure chi usa ripetutamente strumenti di comunicazione, come telefoni cellulari o walkie-talkie, soprattutto in concomitanza con variazioni improvvise dell'andatura o del percorso.

I membri del gruppo di sorveglianza possono commettere l'errore di avvicinarsi fra loro, anche solo per parlare direttamente mentre aspettano che la persona obiettivo esca dall'edificio. È quindi utile prendere nota di chi si raggruppa per poi dividersi alla vista della persona protetta e del suo team di protezione. Se il team di protezione scopre il gruppo di sorveglianza deve far capire chiaramente al gruppo che è stato scoperto. Va comunque sempre evitato ogni tipo di confronto, meglio ripararsi in un rifugio sicuro, che sia un luogo precedentemente preparato per questo scopo o individuato all'ultimo momento.

Anche la sorveglianza che procede in auto si muove con l'obiettivo. A meno a che non sia stata predisposta una rete di sorveglianza composta da operatori a piedi e su altri su veicoli, generalmente sul mezzo di trasporto si trova più di una persona in modo da poter continuare il pedinamento in ogni condizione. Se vengono usati più veicoli valgono le stesse posizioni del pedinamento a piedi. Un veicolo segue, un altro viaggia in anticipo, altri possono muoversi parallelamente all'auto-obiettivo.

Un sistema per verificare se si è sottoposti a sorveglianza da un team che utilizza degli automezzi è quello di prendere nota di tipo, colore e targa delle autovetture all'inizio del tragitto, e di verificare poi se le stesse auto sono presenti anche alla fine del percorso o nei giorni successivi. È bene anche identificare i veicoli parcheggiati nei pressi degli obiettivi, incroci, o svincoli normalmente percorsi per gli spostamenti. È un buon sistema per tenere a mente i mezzi e, se si viene visti all'opera dagli osservatori, costituisce un ulteriore elemento di dissuasione. Anche in questo caso un ulteriore metodo di dissuasione e di rivelamento consiste, come nel pedinamento a piedi, nel variare repentinamente la velocità e la direzione durante il tragitto al fine di costringere il conducente del veicolo usato per il pedinamento ad adeguarsi al cambiamento con manovre brusche facilmente rilevabili.

## CONOSCERE L'INTERLOCUTORE

Viene definita "social engineering" l'azione di chi, per apprendere da una fonte umana determinate informazioni sensibili, riesce a trarla in inganno con l'astuzia, spacciandosi per un'altra persona titolata a ricevere legittimamente quel tipo di dato. Il contatto ingannevole può avvenire in svariati modi, attraverso il telefono, l'intervista, l'incontro casuale (apparentemente, ma in realtà sapientemente preparato), l'aggancio su chat, ecc.

È necessario che tutto lo staff di segreteria e il personale addetto alla protezione di una persona a rischio,sia addestrato a non fornire nessuna indicazione, recapiti telefoni, indirizzi, programmi a nessuno, a meno che non sia stata precedentemente accertata la sua vera identità e la sua effettiva necessità di conoscere l'informazione richiesta.

## IL SILENZIO È D'ORO

Quella che può apparire una innocente conversazione può essere in realtà un ottimo sistema per acquisire informazioni sensibili. Di conseguenza il primo e più importante elemento nello sviluppo, nel mantenimento e nel funzionamento di un confidentiality program, riferito in questo caso all'attività di protezione, è addestrare tutto il personale coinvolto a non parlare mai di questioni legate al lavoro. Mai, con nessuno e in nessuna occasione. Spesso infatti si crede che il furto di informazioni, come espressione dell'attività ostile contro la persona protetta sia un evento raro. Si pensa più spesso al rischio di attentati e di rapimenti o, a un attacco hacker al sistema informatico.

Tutelare le informazioni con firewall, password, a volte anche lucchetti e chiavi ma senza, prima di tutto, la consapevolezza del personale sull'importanza della riservatezza, rischia di avere, come la definisce un esperto americano in tutela delle informazioni, una porta blindata all'ingresso di un tendone da circo. Pertanto, nella tutela delle informazioni è bene partire prima di tutto dalla tutela dell'informazione in sé e quindi dagli aspetti più tradizionali. Il primo e migliore firewall è in questo caso una bocca cucita.

Nella Relazione sullo Stato della Sicurezza in Italia del 2005, fra i punti di attuazione delle nuove normative in materia di protezione personale, si indica l'introduzione di nuove tematiche inerenti la riservatezza nell'esecuzione dei servizi di scorta e tutela, e relative norme comportamentali, nei corsi di formazione ed aggiornamento degli operatori delle Forze di Polizia destinati ai servizi di scorta. Quindi, quello della mancanza di riservatezza è un problema reale e che desta preoccupazione nel sistema di protezione "istituzionale". L'operatore addetto al servizio di protezione deve essere assolutamente riservato. Non deve raccontare i programmi della persona protetta o le modalità di attuazione del servizio di tutela al di fuori della ristretta cerchia di persone che hanno la necessità di conoscere tali particolari per ragioni del proprio ufficio.

La riservatezza non è solo necessaria da un punto di vista della sicurezza. Deve anche riguardare quanto eventualmente appreso, volontariamente o involontariamente, della vita privata o professionale della persona protetta. Non ci sono giustificazioni per atteggiamenti di rilassamento che possono portare a "confidenze" con persone conosciute occasionalmente, magari nel corso della cena che conclude il meeting al quale la persona protetta ha partecipato.

La persona protetta, nel momento in cui è costretta, suo malgrado, a vivere buona parte della giornata a stretto contatto con i suoi angeli custodi, condivide con loro anche le sue situazioni personali e professionali affidandosi, con fiducia, alla loro riservatezza. Raccontare ad altri ciò che si è appreso riguardo a particolari intimi della vita della persona protetta, oltre che moralmente riprovevole, è una grave violazione degli obblighi deontologici professionali. Una violazione che annulla il rapporto di fiducia sulla quale si basa la relazione funzionale fra il tutelato e la sua squadra di tutela.

Le pubblicazioni di genere scandalistico sono sempre prodighe di interviste, memorie e reportage fotografici, che rivelano particolari "piccanti" di personaggi in vista, offerti al pubblico grazie alla complicità di "infedeli protettori" che mettono sul mercato quanto appreso nel corso della loro delicata attività. È bene considerare che anche la necessaria conversazione di servizio fra gli operatori della protezione potrebbe essere ascoltata. Per questo motivo, l'uso degli apparati radio deve essere circoscritto alle conversazioni strettamente necessarie.

Per le comunicazioni relative agli aspetti peculiari dell'attività di protezione come le indicazioni sulle procedure da adottare, i luoghi da raggiungere negli spostamenti o indicazioni su qualsiasi obiettivo di particolare importanza, deve essere preparato e, puntualmente utilizzato, un apposito cifrario, il cui significato deve essere conosciuto solo dagli operatori della protezione ravvicinata e dal responsabile della sala radio e di collegamento.

## ATTENZIONE ALLA SPAZZATURA

Rovistare nei bidoni dei rifiuti degli altri è sempre stata una delle occupazioni preferite, anche perché molto remunerative, di una vasta gamma di curiosi, "legittimi" o "illegittimi". Ogni buon agente d'intelligence o investigatore sa quanto di buono si può trovare, ad esempio, nel cestino di una camera d'albergo.

Se non si riflette su questa opportunità si corre il rischio che gli appunti utilizzati per redigere il programma di una visita ufficiale l'elenco e la descrizione dei "pass" rilasciati agli ospiti, o la check-list relativa all'analisi preliminare di sicurezza, una volta copiati e messi in ordine, finiscano irrimediabilmente nel cestino della camera d'albergo o, peggio ancora, in quello del primo punto di appoggio utilizzato dopo il sopralluogo.

A volte però, oltre agli appunti contenenti indicazioni di carattere riservato è necessario anche stare attenti a particolari normalmente innocui ma che, in determinati contesti, possono essere deleteri per un sistema di protezione. Una volta gettati nel cestino, quegli appunti diventano di pubblico dominio e possono essere utilizzati anche da chi sta studiando il team di protezione per trovare una falla nel sistema.

## PROVA A CONFONDERE LE IDEE ALL'AVVERSARIO

La riservatezza rappresenta un punto di forza del sistema di protezione, essere coscienti che qualcuno può avere interesse a violarla può costituire un'arma molto efficace.

Si tratta semplicemente di usare la curiosità contro i

ficcanaso attraverso passi molto semplici ma che potrebbero risultare efficaci. Lasciare delle false tracce, come prenotazioni d'albergo o ristoranti, preparare e muovere un corteo di auto senza la persona protetta all'interno, divulgare pianificazioni fuorvianti, sono operazioni finalizzate a diminuire il rischio incrinando la motivazione della Minaccia.

# CAPITOLO 14

## INFORMATION WARFARE SULLA PERSONA PROTETTA E IL SUO STAFF

Se il microfono non funziona, o se l'intercettazione telefonica non ha portato risultati, l'approccio diretto con la fonte in possesso delle informazioni resta l'ultima spiaggia per chi sta cercando notizie ostili sul team di protezione. Spesso, purtroppo, è anche la più agevole. Ma quali sono le "fonti umane" potenzialmente in grado di riferire notizie in grado di compromettere un sistema di protezione? Innanzitutto la persona protetta. A seguire il personale di sicurezza e quello dello staff della persona protetta, e poi tutti i soggetti con cui ha un contatto diretto, continuo o abituale e per questo controllabili dal sistema di protezione.

Rientrano in questa categoria, ad esempio, il medico della persona protetta, il suo dentista, l'architetto e il personale dell'impresa edile che si sta occupando della ristrutturazione della sua abitazione, il portiere dello stabile dove abita, la sua colf, e così via. Infine anche tutte le persone che incidentalmente hanno contatti con la persona protetta e sulle quali non può essere esercitato un controllo diretto e continuo.

In questo caso si spazia dal personale addetto alla logistica (compresi i corrieri o i fattorini), prima di tutto quello degli alberghi, agli operai impegnati in interventi occasionali, presso l'abitazione o l'ufficio, ecc.

La persona protetta deve essere sensibilizzata affinché non sia la prima fonte di notizie compromettenti per il servizio di protezione, esponendo così a un grave rischio se stesso e tutto il team di sorveglianza.

La persona protetta deve quindi essere sottoposta a una graduale "istruzione" da parte del responsabile del team di protezione, in modo a renderla  impermeabile agli eventuali tentativi di approccio dei suoi stessi nemici.

È un'attività che deve essere finalizzata soprattutto a instaurare un rapporto di  fiducia indispensabile tra la persona protetta e il suo team di sicurezza e viceversa.

La persona protetta deve essere cosciente che ogni particolare della sua vita tenuto nascosto al suo servizio di protezione può venire scoperto da una eventuale fonte di Minaccia, e usato contro di lei.

Ciò significa che non deve permettersi di mettere in difficoltà il suo sistema di protezione, magari cedendo alle sue debolezze e sgattaiolando fuori casa senza dire nulla a nessuno per un appuntamento galante.

Anche per la persona protetta, valgono le regole indicate in precedenza: capire sempre con chi si sta parlando e quali possono essere i suoi scopi; non dimenticare mai nulla di personale, in particolare agende, telefoni o qualsiasi altra cosa in che permetta l'acquisizione di dati e notizie; parlare il meno possibile con sconosciuti dei propri programmi.

Ma la Minaccia ha una sua "riserva di caccia" preferita in cui pescare le fonti umani da cui rubare informazioni. Sto parlando dello staff della persona protetta, ovvero quelle persone che sono a più stretto contatto con lei.

Alcune fonti di Minaccia particolarmente agguerrite, organizzazioni criminali e terroristiche, avversari politici o concorrenti in affari, possono ricorrere a mezzi molto efficaci per ottenere la collaborazione di fonti umane in possesso di informazioni, trasformando il più fedele degli impiegati in un astuto infiltrato.

Sicuramente il denaro è il movente più efficace e ricorrente, ma possono essere utilizzati molti altri metodi, dal ricatto effettuato sfruttando debolezze personali al soddisfacimento di bisogni nascosti.

In ogni caso, le azioni effettuata dalla Minaccia per creare un infiltrato presuppongono un attento studio dei soggetti potenzialmente utilizzabili, per scoprirne i punti deboli sulle quali fare leva al momento opportuno.

Se questi punti deboli sono evidenti all'osservazione effettuata dalla Minaccia, devono esserlo anche per chi si occupa della protezione. Inoltre il soggetto che si è prestato a divulgare notizie riservate può trovarsi in una condizione di malessere psicologico che, solitamente, traspare da atteggiamenti sintomatici di disagio.

Un efficace apparato di protezione deve essere in grado di cogliere e di analizzare i cambiamenti di comportamento dello staff della persona protetta, dato che il loro "tradimento" potrebbe compromettere seriamente il sistema di sicurezza.

Il personale di uno staff, di segreteria o di sicurezza, può essere colpito da circostanze professionali o personali che possono compromettere la sua lealtà e fedeltà, creando a cascata un danno serio alla persona protetta e al suo team di protezione. Si tratta spesso del risultato di molteplici fattori, di episodi legati alla vita privata, famigliare o professionale, che possono provocare stati di stress e mettere una persona in condizioni di vulnerabilità. È in questi momenti che si apre lo spazio per l'infiltrazione della Minaccia.

Queste condizioni di accentuata vulnerabilità però presentano segnali che possono essere rilevati.

Seguendo le indicazioni fornite sull'argomento dal Secret Service britannico MI5, si possono evidenziare i seguenti indicatori di rischio:

- uso di droghe o abuso di sostanze alcoliche;
- espressioni di punti di vista segnati da idee estremistiche, manifestazioni di violenza ed insofferenza al sistema;
- cambiamenti repentini nello stile di vita e nelle spese personali;
- mancanza di interesse nel lavoro, mancanza di ambizioni professionali, perdita di appuntamenti e mancanza di costanza negli impegni professionali;
- insolito interesse nelle misure di sicurezza da parte di chi non ne ha necessità in funzione del proprio incarico;
- cambiamento nelle abitudini lavorative, negli orari di arrivo e di partenza, prolungamento ingiustificato delle ferie;
- manifestazioni di malessere psicofisico, stress, disagio emotivo, ansia, stati depressivi, disturbi del comportamento alimentare, diete estreme;
- assenze ingiustificate;
- ripetuti errori in procedure professionali acquisite e normalmente eseguite in maniera corretta;

- conversioni e cambiamenti di religione, di idee politiche, di abitudini sociali, improvviso interesse per l'esoterismo o le sette religiose.

Se la Minaccia non riesce a trovare o a sfruttare i punti deboli di un dipendente, e non riesce ad acquisire le notizie dai soggetti presenti nell'entourage della persona protetta, allora potrebbe tentare di infiltrare all'interno dello staff della persona protetta un suo affiliato.

Stiamo parlando di una figura che, seguendo una progettualità complessa, cerca di entrare nel cerchio ristretto intorno alla persona protetta, a volte anche facendosi assumere direttamente.

È per questo motivo che sul personale deve essere sempre effettuata un'attenta indagine informativa, finalizzata, prima dell'assunzione, a verificarne l'identità e le eventuali connessioni con ambienti contigui alla fonte di Minaccia.

Verificato che il sistema di sicurezza non sia stato intaccato dalla presenza nello staff di un infiltrato o di una persona infedele o ricattabile, bisogna adoperarsi per creare in tutto il personale una "cultura di sicurezza" che si fonda sull'adesione spontanea di una serie di principi molto chiari:

- evitare di discutere, al di fuori dei ristretti ambiti professionali, i particolari confidenziali e riservati che riguardano la sicurezza o la persona protetta;
- incoraggiare le persone che hanno incarichi di responsabilità a evidenziare eventuali comportamenti o atteggiamenti del personale che possono rappresentare indicatori di rischio;
- aggiornare il personale sulle caratteristiche e potenzialità della fonte di Minaccia e far comprendere quale è il ruolo di ognuno nell'attività di contrasto;

- permettere l'accesso alle notizie a carattere riservato solo alle persone che ne hanno effettiva necessità in base al loro incarico;
- individuare ed applicare le procedure necessarie per proteggere le informazioni di carattere riservato.

# CAPITOLO 15

## KIDNAPPING

FORMAZIONE DELLA PERSONA PROTETTA

Anche se l'attuale normativa in materia prevede la sottoscrizione da parte della persona protetta di un "accordo di protezione", è ancora lontana l'auspicabile applicazione di un programma di formazione, finalizzato a rendere la persona protetta consapevole della complessità dell'attività di protezione che viene messa in atto per difenderla dalla Minaccia, programma che potrebbe renderla parte attiva del sistema di sicurezza.

Una formazione per lo meno sufficiente affinché la persona protetta non costituisca un intralcio al suo stesso sistema di protezione, o non contribuisca a creare situazioni di pericolo per sé e per gli operatori che si occupano della sua sicurezza.

Per quanto riguarda la protezione fornita dall'apparato statale è opportuno che il responsabile del servizio di protezione metta in atto una graduale ma sistematica attività di sensibilizzazione della persona protetta nei seguenti argomenti:

- preparazione a eventi negativi e comportamento da tenere in caso di attentato o di sequestro di persona;
- riservatezza;
- come evitare di situazioni a rischio;
- coinvolgimento della famiglia e dello staff della persona protetta nell'attività di protezione.

## PREPARAZIONE ALL'HOSTAGE SURVIVAL

Il sequestro di persona è un metodo largamente utilizzato in passato dalle organizzazioni terroristiche per colpire uomini politici, ed è ormai una delle pratiche più diffuse dai gruppi armati e dalle organizzazioni criminali, sia per motivi politici che economici. Inoltre è una delle piaghe che colpiscono maggiormente gli executives delle compagnie che operano nelle zone a rischio del mondo. Un fenomeno così esteso da costringere molte corporation, vista la dimensione delle somme pagate per eventuali riscatti, a stipulare contratti molto onerosi con compagnie di assicurazioni in materia di rapimento/riscatto. È necessario però che le persone esposte al rischio di rapimento siano preparate a tale eventualità. Devono essere a conoscenza di tecniche e modalità di comportamento da utilizzare per uscire incolumi da queste situazioni drammatiche.

È molto difficile convincere un uomo politico, un ministro o un diplomatico a seguire corsi per prepararsi a sopravvivere in situazioni a rischio. Spetta al responsabile del team di sicurezza sensibilizzare la persona protetta su temi così delicati, naturalmente con tatto e in maniera discreta. Per i quadri aziendali delle compagnie impegnate in teatri di crisi vengono spesso organizzati dei veri e propri corsi di sopravvivenza al kidnapping, alla fuga e alla permanenza in libertà in territorio ostile. Il Dipartimento di Stato americano, anche attraverso il suo sito internet ufficiale, diffonde un'ampia gamma di informazioni per preparare i cittadini USA alla sopravvivenza nel caso in cui vengano catturati da gruppi terroristici o criminali. Queste informazioni sono strutturata in base a linee di comportamento specifiche finalizzate alla sopravvivenza, vediamole in maniera sintetica.

## RISPONDERE A UN INTERROGATORIO

Quando si è costretti a rispondere a un interrogatorio, soprattutto nella fase preliminare di un rapimento, è bene seguire questi comportamenti:

- acquisire informazioni sulla detenzione al fine di fornire, dopo la liberazione, le informazioni necessarie agli investigatori che dovranno ricostruire le fasi del rapimento;
- consigli per il mantenimento dello stato psico-fisico;
- procedure da seguire in caso di intervento armato finalizzato alla liberazione.

## PENSIERO POSITIVO

È altresì importante mantenere alta la sicurezza e la fiducia in se stessi. Ecco come ci si deve comportare:

- statisticamente, la percentuale di essere rapiti è, dopotutto, bassa e, in ogni caso, le probabilità di uscirne incolumi sono molto alte;
- in caso di rapimento occorre avere fiducia in se stessi e

cercare gli stimoli per uscire incolumi da tale situazione. Per questo pensare ai propri cari è di vitale importanza per mantenere forza e fiducia;

- ricordarsi che per i rapitori un ostaggio, soprattutto se deve essere utilizzato come strumento di scambio, è sempre più prezioso finché resta in vita. I rapitori pertanto avranno tutto l'interesse a mantenerlo in buono stato;

- più tempo passa, maggiori sono le possibilità di uscire incolumi da un rapimento;

- occorre essere pazienti, poiché le trattative per la liberazione di un ostaggio sono spesso difficili e possono richiedere tempo.

## FORMAZIONE

Nessuno si augura di essere rapito, questo è ovvio. Nonostante tutto è importante preparasi sempre a un'evenienza così tragica per non peggiorare la situazione con comportamenti avventati:

- il rapimento può accadere ovunque, per strada, in ufficio, nella camera d'albergo;

- l'occasione migliore per la fuga è nei primi momenti del rapimento, mentre l'ostaggio e i suoi rapitori si trovano ancora in un posto pubblico, in mezzo alla confusione dovuta alla concitazione del momento e che può influenzare molto anche sui rapitori;

- se la fuga è impossibile o troppo rischiosa si deve tuttavia provare a causare confusione e attirare l'attenzione sulla situazione in atto, anche al fine di informare altri dell'avvenuto rapimento, in modo da mettere subito in allarme le autorità che possono iniziare immediatamente le ricerche, altrimenti potrebbero passare ore o giorni prima che la macchina dei soccorsi si metta in moto;

- è molto probabile che l'ostaggio sarà bendato, legato e reso incosciente, o con la somministrazione di droghe o con un colpo alla testa;

- spesso gli ostaggi nella fase iniziale del rapimento o nei successivi spostamenti, vengono immobilizzati a faccia in giù sul pavimento del veicolo o in spazi angusti, magari gli stessi utilizzati per il trasporto di contrabbando;

- una volta arrivati a destinazione l'ostaggio può essere sistemato in un'area d'attesa provvisoria prima dello spostamento verso il luogo di detenzione permanente.

## MODALITÀ DI COMPORTAMENTO GENERALI

Quelle che seguono sono una serie di modalità di comportamento generale che è sempre bene tenere a mente:

- la cooperazione passiva è il modo migliore per difendersi;

- calmarsi mentalmente e concentrarsi solo sulla necessità di sopravvivere;

- se nella fase iniziale del rapimento vengono somministrate delle droghe è meglio non resistere. Questo atteggiamento renderà i rapitori più sicuri, più tranquilli e quindi meglio disposti nei confronti dell'ostaggio;

- inoltre, è meno pericoloso per l'ostaggio essere reso incosciente con della droga che non con un colpo in testa;

- se si è coscienti è meglio seguire le istruzioni dei rapitori e non cercare di lottare mentre ci si trova legati o stretti in spazi angusti;

- cercare di conoscere i rapitori;

- memorizzare il programma e le abitudini dei rapitori,

cercare i modelli di comportamento da usare come vantaggio e identificare le loro debolezze o eventuali punti deboli;

- usare ogni informazione per valutare le occasioni utili per una fuga;

- provare a stabilire un rapporto con i rapitori. Per farlo può essere utile parlare di argomenti quotidiani, come la famiglia, lo sport oppure hobby di tipo comune;

- l'obiettivo che deve raggiungere l'ostaggio è quello di essere visto dai suoi rapitori come una persona e non come un oggetto.

- se possibile provare a capire le preoccupazioni ma mai elogiare o discutere la loro causa, religione o ideologia;

- se l'ostaggio conosce la lingua dei rapitori deve usarla, in caso contrario può chiedere loro di insegnargliela;

- parlare normalmente;

- non protestare;

- evitare di essere bellicosi ed aderire a tutti gli ordini ed istruzioni;

- una volta che si è stabilito un rapporto comunicativo, provare a chiedere piccoli miglioramenti della propria condizione;

- non provare a fuggire a meno a che non si abbia la certezza assoluta di riuscirci;

- non dimostrare paura di chiedere qualche cosa di cui si ha bisogno come medicine, libri o il necessario per la pulizia personale;

- ricordarsi di fare sempre richieste ragionevoli, semplici e dilazionate;

- stabilire un rapporto amichevole con i rapitori, ma richiedere sempre rispetto per la dignità personale;

- ricordarsi che si può cadere nella "Sindrome di

Stoccolma" che si verifica quando il prigioniero, a causa della forzata prossimità, e della costante pressione psicologica, stabilisce un rapporto di empatia con il rapitore;
- in caso positivo di fuga raggiungere l'ambasciata del proprio paese oppure, le strutture delle forze di polizia locali.

## MODALITÀ DI COMPORTAMENTO SPECIFICHE

Modalità di comportamento a carattere specifico, in particolare riguardo agli interrogatori:

- mantenere sempre la propria dignità pur con un comportamento collaborativo;
- divulgare solo le informazioni che non possono essere usate contro se stessi;
- non mantenere un comportamento ostinato e provocatorio nei confronti di chi conduce l'interrogatorio;
- l'ostaggio deve considerare l'opportunità di essere confuso per una spia e, pertanto, di venire interrogato in maniera molto dura. In questo caso, non ammettere mai nessuna delle accuse;
- mantenere le risposte sul piano essenziale, non offrire volontariamente informazioni e non consentire aperture inutili;
- essere gentili e mantenere un temperamento normale;
- non rispondere bruscamente;
- durante l'interrogatorio evitare atteggiamenti non collaborativi, antagonistici o ostili verso i rapitori. I prigionieri che utilizzano questo tipo di comportamento infatti sono tenuti più a lungo sotto interrogatorio e, spesso, sono sottoposti a torture o punizioni;

- non è possibile resistere alla tortura. Se la tortura è fine a se stessa e risponde all'impulso sadico del rapitore, un atteggiamento passivo ne attenuerà gli stimoli. Se è finalizzata a carpire informazioni, il tentativo di resistere sarà inutile e accrescerà solo la sofferenza;

- parlare liberamente di argomenti futili, ma essere riservati quando le conversazioni vertono su argomenti sensibili;

- non cullarsi sulla presunzione di essere riusciti a instaurare un rapporto amichevole con i rapitori;

- ricordare che i terroristi possono giocare al "poliziotto buono" e al "poliziotto cattivo", una delle forme più comuni di interrogatorio;

- se si viene forzati a presentare delle richieste alle autorità con lettere o riprese audio/video   dichiarare chiaramente che le richieste provengono dai rapitori.

## SEMPRE ALL'ERTA

Anche quando ci si trova privati della libertà personale bisogna comunque restare all'erta. È indispensabile infatti acquisire informazioni sulla detenzione per fornire, dopo la liberazione, informazioni agli investigatori:

- tentare di visualizzare mentalmente l'itinerario percorso, prendere nota delle svolte, del rumore della via, degli odori, contare il tempo trascorso fra i punti critici del percorso;

- ricordare il numero, i nomi, la descrizione fisica, la lingua, gli accenti, le espressioni ricorrenti, le abitudini e la struttura del gruppo dei rapitori;

- ricordare i particolari della stanza, i suoni delle attività nella costruzione e determinare la disposizione dello stabile osservando tutto ciò che è visibile (ad esempio, il numero delle colonne di cemento armato, il tipo di soffitto, l'altezza dal suolo delle finestre, ecc.).

## RESTARE IN FORMA

Quelli che seguono sono invece una serie di consigli per il mantenimento dello stato psico-fisico:

- progettare una vacanza con i propri cari o pensare a impegni futuri con la famiglia da fare una volta che si sarà liberati;
- cercare di non perdere il senso del tempo;
- stabilire un programma quotidiano di esercizi fisici e mentali;
- cercare di non trascurare l'igiene personale;
- cercare di usare tecniche di rilassamento;
- se isolati, è possibile rendersi conto dello scorrere del tempo notando i cambiamenti nella temperatura fra la notte e il giorno, ascoltando la frequenza e l'intensità dei rumori esterni (traffico, canto degli uccelli) e osservando i cambiamenti dei turni di vigilanza;
- se lo spazio per il movimento è estremamente limitato si possono fare delle semplici flessioni sulle braccia e piegamenti sulle gambe, sufficienti per mantenere un livello muscolare minimo;
- per mantenere la resistenza fisica è necessario mangiare il cibo fornito anche se non sembra appetibile e non si ha fame;
- se si percepisce la presenza di altri ostaggi nella stessa costruzione, è necessario provare a stabilire un contatto.

## COSA FARE QUANDO ARRIVA LA CAVALLERIA

Procedure da seguire in caso di intervento armato finalizzato alla liberazione:

- essere consapevoli che il tentativo di liberazione di un ostaggio di solito viene attuato solo dopo il fallimento delle trattative;
- per prepararsi all'intervento di soccorso, cercare di percepire eventuali segnali di nervosismo fra i rapitori che potrebbero essere provocati proprio dal fallimento delle trattative;
- nel corso di un intervento armato mantenere un basso profilo e seguire con attenzione tutte le istruzioni;
- in fase di intervento le vite degli ostaggi, dei rapitori e delle forze di sicurezza sono tutte esposte a un rischio elevato;
- la squadra di salvataggio avrà molte difficoltà a distinguere gli ostaggi dai rapitori, pertanto, il rischio di essere colpiti per errore nella confusione è molto alto;
- i rapitori, per salvarsi, possono tentare di farsi passare per ostaggi;
- gettarsi sul pavimento e rimanere immobili, se questo non è possibile, mettere le mani sulla testa, chinarla e stare fermi;
- non fare mai movimenti improvvisi che possono essere interpretati come ostili da parte dei soccorritori;
- aspettare le istruzioni e obbedire;
- anche se l'ostaggio viene ammanettato ed immobilizzato dalle forze di sicurezza, non deve opporre resistenza e deve aspettare con calma le procedure di identificazione.

# TIPS COMPORTAMENTALI PER OSTAGGI CHE VOGLIONO SOPRAVVIVERE

Stai entrando nella tua auto per andare al lavoro e senza nemmeno rendertene conto ti ritrovi sei legato e imbavagliato nel retro di un furgone a tutta velocità. Per la maggior parte delle persone essere rapiti o tenuti in ostaggio è un'esperienza terrificante e improvvisa.

A volte avviene così velocemente che non puoi nemmeno tentare di fuggire dai tuoi rapitori. Fortunatamente, la maggior parte delle vittime di rapimento vengono rilasciate incolumi e abbastanza rapidamente.

Non bisogna illudersi però: qualunque rapimento può diventare mortale e, se la vittima sopravvive, dipende in gran parte dalle decisioni che prenderà durante la prigionia. Vediamo allora una serie di trucchi comportamentali che riprendono e integrano i suggerimenti visti finora.

## 1. Tenta di contrastare il rapimento

Se puoi sfuggire al tentativo di rapimento iniziale, il calvario finisce proprio lì. Tuttavia, i primi minuti di un rapimento o di una situazione in cui vengono presi degli ostaggi sono i più pericolosi e lo diventano ancora di più se si fa resistenza.

Mentre in molte occasioni il potenziale per la fuga immediata supera il pericolo della resistenza, ci sono casi (se ci sono più aggressori armati, ad esempio) in cui la fuga non è realistica, quindi non conviene rischiare. Se ti dovessi trovare in una situazione del genere pensa razionalmente e cerca di essere cooperativo.

I primi minuti sono spesso il momento migliore per resistere dato che, probabilmente, ci sono persone intorno a te, soprattutto se ti trovi in un luogo pubblico. Se questo è il caso e ci sono altre persone intorno a te, allora è il momento migliore per reagire, in modo da attirare l'attenzione degli altri che, forse, ti forniranno il loro aiuto.

Dopo che verrai messo dove vogliono che tu rimanga (di solito all'interno di un auto o di un furgone) non ci sarà probabilmente più nessuno che potrà rispondere alla tua richiesta di aiuto.

### 2. Recupera la tua compostezza

L'adrenalina pomperà nelle vene, il cuore sarà martellante e tu sarai terrorizzato. Proprio per questo devi stare calmo il più possibile. Prima riuscirai a riconquistare la tua compostezza e meglio sarà, anche in una prospettiva medio-lunga.

### 3. Presta attenzione

Fin dall'inizio dovresti cercare di osservare e ricordare quanto più possibile al fine di provare a pianificare una fuga, prevedere le prossime mosse del tuo rapitore o dare informazioni alla polizia per contribuire al tuo soccorso, o per aiutare a catturare e a far condannare il rapitore. Potresti essere bendato ma potrai ancora raccogliere informazioni con gli altri sensi, udito, tatto e olfatto.

Cerca di osservare il più possibile i tuoi rapitori (in maniera discreta però, altrimenti potrebbero irritarsi) e di annotare le loro caratteristiche: quanti sono? Sono armati? In caso affermativo, con che cosa? Sono in buone condizioni fisiche? Come appaiono e/o che suoni fanno, come parlano? Quanti anni hanno? Sembrano ben preparati? Quali sono i loro stati emotivi?

Non dimenticare di osservare anche l'ambiente circostante: dove sei stato portato? Visualizza il percorso che prendono i rapitori. Prendi nota delle svolte, delle fermate e delle variazioni in velocità. Prova a misurare la quantità di tempo tra i diversi punti di riferimento. Prova a contare tra ogni svolta: ad esempio, 128 a sinistra, 12 a destra. Se hai famigliarità con la zona, questo potrà darti un vantaggio.

Cerca di capire dove ti hanno rinchiuso. Raccogli quanti più dettagli puoi riguardo all'ambiente circostante. Dove sono le uscite? Ci sono delle telecamere intorno, un blocco sulla porta o altre precauzioni di sicurezza? Ci sono ostacoli, come un ampio divano? Cerca di capire dove sei e di raccogliere informazioni che possono essere utili se decidi di fuggire.

Infine ricorda di osservare anche te stesso: sei ferito in qualche modo? Sei legato, incatenato o bloccato in qualche altro modo? Quanta libertà di movimento hai?


4. Prova a capire perché ti hanno rapito

Ci sono diverse motivazioni alla base di un rapimento: aggressione sessuale, richieste di denaro o ricatti politici. Come interagire con i tuoi rapitori e se tentare una fuga dipende almeno parzialmente dalla motivazione dei tuoi rapitori. Se ti stanno trattenendo per un riscatto o per negoziare la liberazione dei prigionieri, probabilmente per loro hai molto più valore da vivo che da morto.

Se sei stato catturato da un serial killer o da un predatore sessuale, tuttavia, o se sei stato rapito come rappresaglia per un'azione politica o militare, il rapitore probabilmente ha intenzione di ucciderti. La tua decisione di tentare una fuga deve essere presa basandosi su queste informazioni.

5. L'importante è sopravvivere

Cerca di essere positivo. Ricordati che la maggior parte delle vittime di rapimento sopravvive, quindi le probabilità sono dalla tua parte. Detto questo, devi prepararti per una lunga prigionia.

Alcuni ostaggi sono stati trattenuti per anni, ma hanno mantenuto un atteggiamento positivo, hanno giocato le loro carte in maniera corretta e alla fine sono stati liberati. Affronta un giorno alla volta.


6. Tranquillizza i tuoi rapitori

Cerca di rimanere calmo e coopera (entro limiti ragionevoli) con tuo rapitore. Non fare minacce, non diventare violento e non tentare di fuggire a meno che il momento non sia propizio.


7. Mantieni la tua dignità

Da un punto di vista psicologico per un rapitore è più difficile uccidere, stuprare o comunque nuocere a un prigioniero se questi rimane "umano" ai suoi rapitore. Per questo non strisciare, non mendicare e non diventare isterico. Evita anche di piangere. Non sfidare il tuo rapitore, ma mostragli che sei degno del suo rispetto.


8. Tenta di stabilire un contatto con il rapitore

Se riesci a instaurare una sorta di legame con uno dei tuoi rapitori per lui sarà più difficile farti del male.

Se il tuo rapitore è affetto da una forma di psicosi paranoica è meglio che tu non appaia minaccioso, ma evita anche di fare qualsiasi cosa che potrebbe essere interpretata come un tentativo di manipolazione (come cercare di fare amicizia con lui), perché gli individui che vivono dei deliri paranoici probabilmente crederanno che tu stia cospirando contro di loro. Se sentono che stanno perdendo il controllo possono reagire in modo imprevedibile.

Quindi non tentare di convincerli che i loro deliri sono infondati perché potrebbero infuriarsi e, a ogni modo, è improbabile che ti crederanno (dal loro punto di vista i loro deliri hanno perfettamente senso e sono la realtà).

9. Non entrare in contrasto con i tuoi rapitori

Potresti pensare che il rapitore è un patetico individuo disgustoso ma, mentre i prigionieri nei film a volte se la cavano dicendo queste cose, nella realtà devi tenere questi pensieri per te. Inoltre, come nella maggior parte delle conversazioni con persone che non conosci, evita di parlare di politica, soprattutto se sei trattenuto dai terroristi o rapitori che sono politicamente motivati.

10. Ascolta

Ascolta con attenzione tutto quello che il tuo rapitore ha da dire (ammesso che tu riesca a capirlo). Non devi approvarlo, ma prova a essere empatico e lui si sentirà più a suo agio e benevolo nei tuoi confronti. Essere un buon ascoltatore può anche aiutarti a raccogliere informazioni utili per una fuga o per aiutare le indagini in caso di una tua liberazione.

Fai appello ai sentimenti famigliari del tuo rapitore. Se hai dei bambini e anche il tuo rapitore ne ha, avete ad esempio già un forte legame potenziale. Il tuo rapitore potrebbe "mettersi nei tuoi panni" comprendendo l'impatto che il suo rapimento o la sua morte avrebbero sulla sua famiglia. Se hai con te delle foto della tua famiglia potresti mostrarle ai tuoi rapitori.

## 11. Comunica con i prigionieri

Se sei rinchiuso con altri prigionieri parla con loro, naturalmente se è possibile farlo in modo sicuro. Se fate attenzione alla sicurezza e riuscite a comunicare la prigionia sarà più facile da sopportare Potreste anche essere in grado di organizzare insieme un piano di fuga efficace. Se invece la situazione è diversa allora la comunicazione deve essere furtiva. Se siete prigionieri da lungo tempo potreste sviluppare codici e segnali segreti.

## 12. Tempo e abitudine

Tenere traccia del tempo può aiutarti a stabilire delle abitudini che ti permetteranno di preservare la tua dignità e la tua salute mentale. In questo modo potrai anche provare a pianificare e a mettere in atto una possibile fuga. Se non ci sono orologi disponibili, dovrai fare uno sforzo per riuscire a misurare il tempo. Se puoi vedere la luce del sole sarà abbastanza facile, ma in caso contrario potrai prestare attenzione alle modifiche delle attività all'esterno, prendere nota delle differenze nel livello di prontezza del tuo rapitore, tentare di rilevare gli odori dei diversi alimenti o cercare altri indizi.

## 13. Resta mentalmente attivo

Pensa a che cosa farai quando tornerai a casa. Tieni conversazioni nella tua testa con amici e persone care. Fai queste cose sempre con razionalità e consapevolezza, altrimenti potresti impazzire. La prigionia può essere noiosissima.

È importante sfidare la tua mente in modo da rimanere sano, ma anche perché così puoi pensare razionalmente alla fuga. Prova a risolvere dei problemi di matematica, a pensare a degli enigmi, a recitare le poesie che conosci: fai tutto il possibile per tenerti occupato e mentalmente sveglio.

### 14. Resta fisicamente attivo

Durante la prigionia può essere difficile rimanere in forma, soprattutto se sei bloccato fisicamente, ma è importantissimo provarci. Essere in buone condizioni fisiche può aiutarti nella fuga, ma è anche utile per restare di buon umore durante.

Trova il modo di fare esercizio, anche soltanto facendo saltelli a gambe unite e divaricate, semplici flessioni o spingendo le mani insieme per facendo stretching.

### 15. Chiedi dei piccoli favori

Quando capisci che la tua sarà una prigionia lunga chiedi gradualmente di ottenere piccole comodità: una coperta più pesante, per esempio, o un giornale. Fai richieste minime e, almeno inizialmente, ben distanziate nel tempo. In questo modo renderai più confortevole la tua prigionia e sembrerai più umano ai tuoi rapitori.

### 16. Confonditi tra gli altri

Se sei tenuto con altri prigionieri cerca di passare inosservato. Ti posso assicurare che non è il caso di essere il piantagrane del gruppo o quello che crea problemi.

17. Segnali

Devi cercare di capire con un certo anticipo se i tuoi rapitori hanno deciso di ucciderti altrimenti non riuscirai nemmeno a pianificare una eventuale fuga.

Se all'improvviso smettono di darti da mangiare, se si trattano più duramente e in modo disumano dopo che sembravano più gentili, oppure se improvvisamente sembrano disperati o spaventati, o se altri ostaggi sono stati rilasciati ma i rapitori non sembrano avere intenzione di liberarti, tieniti pronto a fare una mossa disperata.

Se smettono improvvisamente di nasconderti la loro identità dopo aver indossato maschere, ad esempio è un segnale molto forte che hanno deciso di ucciderti, quindi ti conviene tentare la fuga il prima possibile.


18. Tentativi di salvataggio

Quand'è il momento giusto per fuggire? A volte è più sicuro aspettare semplicemente di essere liberati. Tuttavia, se si presenta la situazione perfetta, ovvero se hai un piano sicuro e sei quasi certo di poter fuggire con successo, devi approfittare dell'occasione.


19. Presta particolare attenzione se viene effettuato un tentativo di salvataggio.

Se dovesse verificarsi un tentativo di salvataggio probabilmente la prima cosa che penserai sarà: "Evviva, è arrivata la cavalleria!". Prima di esultare troppo però ricorda che, a parte i primi minuti di un rapimento, il tentativo di salvataggio è il momento più pericoloso per l'incolumità stessa degli ostaggi. I tuoi rapitori possono diventare disperati e tentare di utilizzarti come uno scudo umano, o possono semplicemente decidere di uccidere tutti gli ostaggi.

Anche se i tuoi rapitori sono colti di sorpresa potresti essere ucciso dal fuoco amico o da un'esplosione causata durante il tentativo di salvataggio. In casi del genere meglio nascondersi dai rapitori, se possibile. Resta basso e proteggiti la testa con le mani o cerca di restare dietro una sorta di barriera protettiva (sotto una scrivania o un tavolo, o in una vasca da bagno). Infine non fare movimenti bruschi quando i soccorritori armati irrompono finalmente nel luogo in cui ti trovi.

20. Segui attentamente le istruzioni dei soccorritori.

I tuoi soccorritori saranno molto tesi e probabilmente penseranno prima a sparare e dopo a porre domande. Quindi non fare troppe storie e obbedisci a tutti i loro ordini Se dicono a tutti di sdraiarsi sul pavimento o di mettere le mani sulla testa fallo senza fiatare.

I tuoi soccorritori possono anche metterti delle fascette o manette mentre cercano di distinguere tra ostaggi e rapitori. In questo caso tu resta calmo, metti i soccorritori a loro agio e poi spiega chi sei.

CONSIGLI UTILI

Mangia qualunque cosa ti danno ed evita a tutti i costi di lamentarti.

Inventati una parola di sicurezza da usare con la famiglia o gli amici. Se i tuoi rapitori tentano di contattarli, la polizia o la famiglia chiederanno di avere conferma che tu sia vivo. In casi del genere si utilizza la parola o la frase di sicurezza. Assicurati che sia una parola che può essere inserita in una frase qualsiasi senza destare troppi sospetti.

Se scappi, contatta la polizia e descrivi esattamente i rapitori. Possono sempre riuscire a prenderli!

Se sei un cittadino straniero in un paese ostile, o se vieni catturato in tempo di guerra, devi considerare che una fuga potrebbe avere implicazioni molto negative. Per prima cosa la gente potrebbe non aiutarti o, peggio probabilmente la popolazione starà dalla parte dei tuoi rapitori. In casi del genere è meglio non tentare di scappare. C'è anche la possibilità, soprattutto durante un conflitto attivo, che tu sia più sicuro come ostaggio che come fuggiasco. Valuta attentamente il da farsi perché una volta che allontanarti dai tuoi rapitori potrebbe significare finire dalla padella alla brace.

Evita di lottare se vieni legato. È una buona idea testare con discrezione i nodi, ma non ribellarti troppo altrimenti potresti ferirti.

All'inizio del rapimento cerca di scappare, calciare e urlare in modo che i rapitori non possano prenderti facilmente. Pensa che se ti prendono sei morto. Lotta più che puoi.

Ascolta suoni e rumori intorno a te (clacson delle automobili, uccelli o sirene) e gli odori. Anche se ti può sembrare inutile questo comportamento invece è di vitale importanza: se percepisci più o meno lo stesso odore ogni giorno, saprai che ti trovi in una zona suburbana.

Fai quello che devi fare per rimanere in vita.

Ricorda di cooperare e di entrare in empatia con i tuoi rapitori, ma solo entro limiti ragionevoli. Come abbiamo ricordato in precedenza durante lunghi periodi di prigioni gli ostaggi possono sviluppare quella che è conosciuta come sindrome di Stoccolma. Cominciano cioè a identificarsi con i loro rapitori, a volte fino al punto di aiutare i loro carcerieri a commettere crimini o a sfuggire alla giustizia.

## Avvertenze

Tentare di comporre un numero d'emergenza o di contattare la polizia farà infuriare i tuoi rapitori e potrebbe causare danni a te o a qualsiasi altra persona in prigionia. Fallo se e quando sei inosservato.

Il tuo aggressore probabilmente diventerà furioso se reagirai, soprattutto se gli provocherai delle lesioni. Diventa violento solo se pensi di avere una buona possibilità di fuga e non indietreggiare tentando di ferire l'aggressore. Sii aggressivo ed energico più che puoi. Se riesci a mettere fuori gioco il tuo assalitore devi scappare subito. Se vieni catturato il rapitore sfogherà su di te tutta la sua rabbia.

Attenzione a non parlare ad altri prigionieri, soprattutto condividendo piani fuga o informazioni riservate di cui puoi essere a conoscenza. Un compagno di prigionia potrebbe tradirti, o potrebbe addirittura essere una spia.

Ricorda che, se vieni catturato dopo un tentativo di fuga iniziale, finirai molto probabilmente per non ottenere un'altra possibilità di fuga: deve aver successo.

Non tentare di rimuovere una benda sugli occhi e non cercare di togliere una maschera, tua o di un rapitore. Se il rapitore non vuole essere visto, potrebbe essere un buon segno. Potrebbe avere intenzione di liberarti e quindi non volere essere identificato in futuro. Se, invece, lo vedi potrebbe decidere di ucciderti.

Stai attento a quello che dici ai rapitori. Se ti stanno trattenendo per un riscatto o per motivazioni politiche, di solito è meglio che pensino che tu sia ricco o importante, anche se non lo sei. Se ti hanno preso per ucciderti per una rappresaglia politica, tuttavia, devi sembrare molto insignificante e non coinvolto, anche se non lo sei. Come ho già ricordato è fondamentale capire le motivazioni dei tuoi rapitori per capire come comportarti e cosa dire.

Non sperarci. Un atteggiamento positivo è importante, ma è difficilissimo riprendersi da una delusione. Per cui non sperarci mai. Anche se i tuoi rapitori iniziano a parlare del tuo rilascio, prendi tutto con le pinze. Potresti rimanere deluso.

# CAPITOLO 16

## UN NUOVO MODELLO DI FORMAZIONE

### COLLABORAZIONE TRA PERSONA PROTETTA E TEAM DI PROTEZIONE

Per la persona protetta sono da escludere programmi di addestramento di tipo tecnico operativo, con particolare riguardo all'uso delle armi.

Il motivo è molto semplice: una persona protetta che fronteggia armata un attacco criminale o terrorista crea quasi sempre gravi complicazioni alla squadra, oltre a non essere di nessun aiuto. Questo perché stiamo parlando di una persona priva di addestramento operativo adeguato, soprattutto se non conforme agli standard del suo team di sicurezza.

A meno a che la situazione locale non sia talmente compromessa da non offrire alternative, far girare una persona protetta (anche se addestrata) con un'arma è dunque estremamente imprudente.

È una soluzione che non offre garanzie dal punto di vista della security e che rischia, in caso di aggressione, di elevare il livello del danno subito dalla persona protetta e anche dal suo team di sicurezza.

## RISERVATEZZA

La riservatezza è uno dei fattori che influiscono maggiormente sulla riuscita, o sul fallimento di un sistema di protezione. Purtroppo la riservatezza è frutto di una formazione e di una condizione mentale che non si possono raggiungere facilmente. Per questo deve essere stimolata nella persona protetta, nel suo staff e nella sua famiglia, al fine di non rilasciare a potenziali fonti di Minaccia informazioni relative ai programmi, appuntamenti, indirizzi, situazioni personali.

I componenti dello staff e della famiglia della persona protetta devono essere sensibilizzati a semplici misure di security da rispettare sempre e comunque. È anche necessario che i figli in età scolare della persona protetta, vengano sempre condotti e prelevati da scuola da persone affidabili.

## IL RUOLO ATTIVO DELLA FAMIGLIA NELLA SECURITY

Anche la famiglia della persona protetta può contribuire all'attività di tutela. Spesso la persona protetta preferisce tenere all'oscuro i famigliari dall'esistenza di una possibile fonte di Minaccia nei suoi confronti. È un atteggiamento umanamente comprensibile, ma purtroppo è anche estremamente deleterio per un piano di protezione efficace. Purtroppo non è possibile "accordarsi" con la fonte di Minaccia per tenere la famiglia al di fuori della sua influenza.

Anzi, l'istituzione di misure di sicurezza adeguate nei confronti dell'obiettivo primario può portare la fonte di

Minaccia a scelte di ripiego, che potrebbero coinvolgere proprio i famigliari, specialmente se ignari della situazione in corso.

Tutta la famiglia deve essere quindi al corrente delle misure di protezione in atto, dei motivi che sono alla base delle scelte di sicurezza effettuate, della qualificazione della Minaccia e delle ipotesi relative alle sue possibili manifestazioni. In particolare, i membri della famiglia devono essere a conoscenza delle procedure di allerta concordate con il servizio di protezione. Devono sapere chi chiamare in caso di emergenza e a chi segnalare eventuali situazioni sospette.

I famigliari devono farsi carico di rispettare in maniera categorica tutte le procedure di sicurezza standard come la chiusura degli accessi all'abitazione, il rilevamento di eventuali tentativi di intrusione nella casa, la segnalazione dell'avvistamento di sconosciuti sospetti o di strani tentativi di avvicinamento.

Infine i famigliari devono sapere che la riservatezza è fondamentale, evitando quindi di confidare con persone esterne alla famiglia o al team di protezione particolari relativi alle procedure di sicurezza adottate, alle loro abitudini, ai progetti relativi agli spostamenti della persona minacciata e dell'intero nucleo familiare.

## Cultural Intelligence

Ho già detto in precedenza che non si può parlare di attività di protezione senza aver sottolineato l'importanza della prevenzione rispetto alla reazione. Vediamo ora quali potrebbero essere di percorsi formativi utili a migliorare proprio la prevenzione. È necessario innanzitutto che l'operatore in via di formazione comprenda il significato di intelligence e, di conseguenza, le procedure relative alla raccolta di informazioni, collazione e analisi dei dati.

Si dovrà insistere, in maniera particolare, sulle tecniche di ricerca e di raccolta dei dati relativi alla protezione, anche attraverso l'applicazione di metodi, sistemi e tecnologie per ottimizzare l'intelligence da "fonti aperte" (OSINT, ovvero Open Source Intelligence).

Sarà necessario far capire al professionista del team di protezione che una volta entrato in condizione operativa non potrà fare affidamento solo sui precisi rapporti degli analisti, ma dovrà ricercare, continuamente e autonomamente, anche dalle "fonti aperte" ogni notizia utile relativa alle manifestazioni della Minaccia e all'esposizione della persona tutelata.

L'operatore dovrà abituarsi all'idea di mettere in pratica, soprattutto per quanto riguarda le informazioni sulla persona protetta e le manifestazioni della fonte di Minaccia, una forma di "intelligence fai da te", anche per supplire a eventuali mancanze di quella "raffinata" attuata dagli analisti.

Lo studio delle fonti di Minaccia deve avere uno spazio particolarmente ampio e deve evidenziare capacità e modalità operative più ricorrenti, strutture, storia e background delle organizzazioni più attive e pericolose, ma anche le analisi comportamentali con il ricorso allo studio delle tecniche di profiling dei protagonisti di azioni criminali con particolari attenzioni alle motivazioni psicologiche.

Particolare riguardo deve essere dedicato alle analisi comportamentali degli attentatori suicidi, ed agli indicatori di presenza di "VBIEDs".

Lo stesso esame degli episodi pregressi non deve tralasciare l'analisi degli errori che commessi nelle precedenti reazioni attuate dagli apparati di protezione.

Operando in questo modo lo studio di questi argomenti

ha una doppia finalità

- "iniziare" l'operatore di sicurezza agli argomenti dell'area intelligence;
- attraverso gli stimoli fornito dagli sforzi delle capacità operative e dalla pericolosità dell'avversario, stimolare le capacità di mantenere un alto livello di attenzione selettiva per lunghi periodi di tempo, finalizzata alla ricerca di indicatori di pericolo.

L'attenzione è un'attività che esercitiamo in maniera consapevole e che ha due effetti molto importanti: mettere in evidenza alcune informazioni selezionate ed escludere tutte le altre. Orientare l'attenzione può semplicemente essere un meccanismo fisiologico rappresentato dal rivolgere i recettori sensoriali verso uno stimolo ben preciso. A volte, purtroppo, rivolgere gli occhi e le orecchie verso uno stimolo non significa sempre vederlo o sentirlo in maniera attenta e consapevole.

Spesso un determinato stimolo può interessare la vista senza destare l'attenzione della mente, persa a pensare ad altro oppure non in grado di riconoscere il messaggio. In questo caso si evidenzia che più della vista è importante l'attenzione selettiva, ovvero quella che permette di escludere stimoli non pertinenti a vantaggio di quelli importanti per i nostri scopi, oppure di quelli più intensi.

Nella pratica è importante rendersi conto che esistono persone in grado di mantenere l'attenzione selettiva per lunghi periodi di tempo. Il mantenimento di un buon livello di vigilanza prolungato nel tempo è facilitato dalle caratteristiche dello stimolo. Quando lo stimolo è intenso e ha un ritmo variabile la vigilanza è facilitata, mentre l'attenzione si assopisce con stimoli di bassa intensità e ritmi di variazione molto lenti.

Così come è necessario "educare" all'intelligence gli operatori di sicurezza, si rende necessario anche addestrarli al contrasto dell'attività avversaria, ovvero al tentativo da parte della fonte di Minaccia di acquisire notizie sulla persona protetta e sul funzionamento dell'apparato di protezione. L'operatore di protezione deve affrontare, al termine della sua preparazione, un compito estremamente complesso e delicato. Per questo motivo quando a un operatore ancora inesperto, in funzione del grado rivestito, viene affidata la responsabilità di un servizio di protezione spesso si creano problemi, situazione peraltro abbastanza tipica in strutture organizzate su base gerarchica, come nelle FF.PP. o nelle FF.AA.

È quindi imprescindibile che l'operatore sia capace di affrontare i problemi in maniera indipendente e appropriata, soprattutto sulla scorta di esperienze dirette. Nell'attività di protezione, appare molto difficile risolvere eventuali questioni in base a procedure definite, anche se sono state imparate in maniera perfetta in fase di addestramento. Per questo motivo l'apprendimento diretto, sul campo, resta uno strumento insostituibile per la fase finale della formazione alla protezione. Naturalmente perché ciò avvenga in sicurezza deve avvenire attraverso l'inserimento della "recluta" nell'attività operativa in affiancamento a un team di operatori già esperti

In questa fase i responsabili della formulazione di un giudizio orientativo sull'idoneità dell'allievo per l'attività di protezione devono essere i membri più esperti del team.

# CAPITOLO 17

## RISK ASSESSMENT
## E PROTEZIONE PERSONALE

### PIANIFICAZIONE DELL'ATTIVITÀ DI PROTEZIONE

Prima di iniziare è doveroso fare una premessa importante: non è possibile parlare di una vera e propria attività di protezione se questa non si fonda su una attenta, meticolosa e continua pianificazione.

Si tratta di una pianificazione suddivisa in quattro fasi precise, tutte intimamente concatenate fra loro come è possibile vedere nell'immagine pubblicata nella pagina che segue.

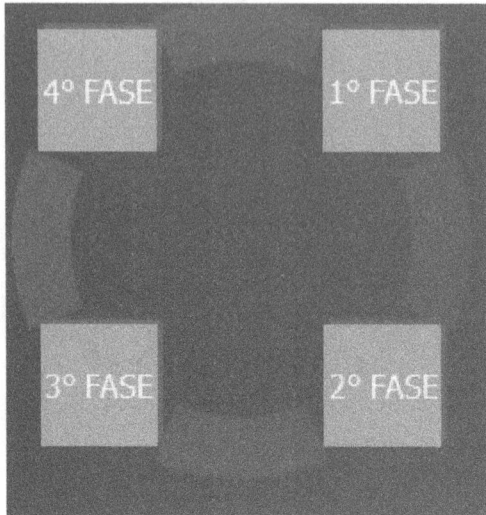

La prima fase è caratterizzata dall'identificazione della Minaccia, dall'analisi delle sue potenzialità, motivazioni e obiettivi.

La seconda fase serve ad identificare le priorità di un piano di protezione e stabilirne le relative vulnerabilità. In questa fase vengono raccolte tutte le informazioni sulla persona protetta, quelle relative alla sua sfera professionale, personale e famigliare, i suoi movimenti e programmi, al fine di individuare i punti di vulnerabilità che possono essere sfruttati dalla fonte di minaccia.

La terza fase, confronta l'analisi della Minaccia con la raccolta di informazioni relative alle vulnerabilità dell'obiettivo dell'attività di protezione. In questa fase, dopo aver valutato le possibili modalità operative della Minaccia e le potenziali opportunità di arrecare un danno in funzione delle vulnerabilità ragionando come un possibile attentatore, vengono stabilite le contromisure necessarie per invalidare ogni azione ostile. Vengono quindi elaborati piani per istituire nuove misure di sicurezza, oppure per migliorare quelle già esistenti. Inoltre, vengono stabiliti gli strumenti necessari e le modalità di attuazione della protezione.

La quarta e ultima fase serve a confrontare l'attualità e la presunzione di efficacia delle misure di protezione adottate con gli aggiornamenti informativi relativi alla fonte di Minaccia, in particolare, le sue trasformazioni e progressi in termini di potenzialità operativa.

Il termine della quarta fase ci riporta inevitabilmente alla prima, ovvero alla necessità di rivedere e aggiornare le informazioni relative alla Minaccia, dando vita a un diagramma circolare dove le fasi dedicate all'analisi dei rischi, alla valutazione della Minaccia, alla vulnerabilità del Bene e alla scelta delle contromisure necessarie si inseguono a vicenda, costringendo l'intelligence finalizzata alla protezione a una continua attività di verifica e rivalutazione.

Tutte le informazioni raccolte, le analisi e le comparazioni effettuate, devono essere convogliate e ordinate in un archivio di protezione. L'archivio deve essere di facile consultazione per il team di protezione e deve poter essere aggiornato in maniera pratica e veloce. In base alle informazioni raccolte con l'attività d'intelligence preventiva e con il controllo preliminare, si può determinare il livello degli strumenti reattivi necessari.

## ANALISI DELLA MINACCIA

L'analisi dei dati informativi sulla potenziale fonte di Minaccia, in relazione all'attività di protezione, contribuisce alla formulazione degli indicatori di pericolo e al supporto informativo/operativo specifico per le unità che operano nel servizio di sicurezza.

Il processo di intelligence, finalizzato all'attività di

protezione, è subordinato alla costante analisi dei dati relativi alla fonte di Minaccia, alla valutazione della sua capacità e determinazione, attraverso l'analisi delle azioni già effettuate e dei mezzi che si ritiene possa avere a disposizione.

Si dovrà tenere conto di fattori riferiti sia alla fonte di Minaccia specifica che ad organizzazioni collegate e/o alleate. Inoltre l'analisi dovrà comprendere una visione generale del fenomeno, riferita alle tendenze dimostrate da gruppi terroristici o criminali analoghi alla Minaccia specifica.

In particolare, dovranno essere valutati i seguenti aspetti di carattere specifico e generale.

Aspetti di carattere specifico:
- la pubblicità delle manifestazioni d'intenti della fonte di Minaccia specifica nei confronti della persona protetta e/o in riferimento alla sua attività (minacce, rivendicazioni, comunicati ai media, interessi specifici per le tipologie produttive o le attività, ecc.);
- l'analisi delle azioni precedentemente messe in atto dalla fonte di Minaccia specifica o da organizzazioni collegate o alleate;
- la tendenza della fonte di Minaccia specifica all'utilizzo di particolari tipi di armi o ordigni in relazione agli obiettivi, con particolare riguardo all'utilizzo di attentatori suicidi.

Aspetti di carattere generale:
- evoluzione delle tattiche, delle tecniche e delle procedure adottate nel condurre gli attentati;
- capacità tecnico/operativa raggiunta dalle organizzazioni criminali o dai gruppi terroristici;
- individuazione di eventuali trasferimenti di conoscenze

tecniche o di materiali, fra gruppi terroristici, o fra criminalità organizzata e terroristi;
- eventuale collaborazione fra gruppi diversi;
- possibilità di reperire sul mercato delle risorse umane specializzate in ambito militare manodopera mercenaria preparata ed addestrata;
- radicalizzazione della Minaccia nel territorio di riferimento.

In definitiva lo scopo del processo di intelligence finalizzato alla esaustiva analisi della Minaccia, non è tanto quello di capire quanto sia forte il proprio avversario, ma quanto sia determinato ad usare la sua forza. Per effettuare queste valutazioni è necessario controllare tutte le fonti informative a propria disposizione. L'analisi relativa alla Motivazione ed alla Capacità di una specifica fonte di Minaccia può essere estremamente variabile a seconda del momento in cui viene condotta, in base al ruolo ricoperto dalla persona protetta, e alla zona del mondo dove si opera.

Le fonti per condurre tali attività per quanto riguarda l'analisi della Minaccia finalizzata alla protezione istituzionale sono i risultati dell'attività informativa svolta e le notizie riportate dai media e dalle "fonti aperte".

Per l'analisi della Minaccia, finalizzata alla protezione degli executives che operano in aree di crisi invece queste sono le fonti:

- le fonti ufficiali nazionali (Ministero degli Esteri e sua Unità di Crisi);
- le fonti ufficiali locali (ambasciata, ministeri locali e forze di polizia);

- le notizie riportate dai media e dalle "fonti aperte";
- servizi di *country risk assessment* privati (*private companies* che svolgono attività continua di studio e monitoraggio dei rischi nei differenti paesi, ne esistono diverse e tutte con servizi piuttosto dettagliati e attendibili);
- le fonti dell'azienda dell'executive da proteggere.

L'utilizzo delle fonti di cui sopra dovrebbe essere sufficiente a consentire a chi ha in carico la sicurezza di valutare, con concretezza, la serietà delle minacce e di valutare il livello di protezione di cui si necessita.

## INFORMAZIONI RELATIVE ALLA PERSONA PROTETTA E STUDIO STUDIO DELLE VULNERABILITÀ

La raccolta delle notizie relative alla persona protetta deve partire dalla valutazione dei motivi che hanno provocato l'interessamento della fonte di Minaccia. In particolare è necessario valutare quale tipo di danno può essere prodotto alla persona e quale di questi è più facilmente raggiungibile o appagante per la fonte di Minaccia.

Il primo passo nella costruzione di un programma di protezione è la raccolta di alcune informazioni di base a carattere personale e professionale della persona da proteggere: nome completo e indirizzo di residenza; altri domicili; composizione del nucleo familiare; età e descrizione delle condizioni generali di salute fisica; gruppo sanguigno e pressione; eventuali allergie; necessità di medicinali; hobby ed attività sportiva; abitudini personali e famigliari, come la frequentazione abituale di amici e parenti o di locali pubblici; incarichi professionali; ubicazione dell'ufficio; luoghi normalmente frequentati nell'ambito professionale.

Sono anche molto utili, se si riescono ad acquisire, le impressioni e le opinioni che la persona protetta ha in merito all'attività di protezione; le sue attenzioni e conoscenze in materia di sicurezza base e le eventuali informazioni su incidenti di security che possono averlo visto precedentemente coinvolto.

Tutte queste informazioni sono necessarie per predisporre un programma di protezione che riduca i rischi senza arrivare, come spesso purtroppo accade, al soffocamento della vita della persona protetta. Stiamo parlando di un sistema di protezione che si inserisca senza problemi nella vita quotidiana del cliente, senza generare tensioni e rifiuto del sistema.

Il sistema di protezione deve riuscire a inserirsi discretamente nella vita professionale e privata del cliente, senza cadere nell'errore di "estrarre" dalla sua vita la persona protetta calandola in una situazione soffocante.

Dopotutto modificare sensibilmente, peggiorandola, la condizione di vita della persona protetta è uno degli obiettivi della Minaccia. È compito del sistema di protezione impedire che questo accada, non di facilitarlo.

Anche se lo stile di vita e l'agenda di molte persone sottoposte a protezione sembrano rendere impossibile una pianificazione preventiva, il sistema di protezione deve essere in grado di inserirsi utilizzando, come primo passo, l'agenda degli appuntamenti. Un'agenda ordinata e schematica rappresenta una facilitazione per l'attività di protezione ed è un ottimo punto di partenza per l'analisi delle attività normali e straordinarie della persona da proteggere. La programmazione dei movimenti, infatti, rappresenta un'opportunità per raccogliere in anticipo le informazioni necessarie a una protezione ben pianificata. In questa fase l'intelligence si occupa della raccolta di tutte le informazioni relative ai movimenti sicuri della persona protetta. I sopralluoghi in loco prima dell'arrivo della persona protetta, costituiscono un indispensabile strumento di garanzia della sua sicurezza, come abbiamo già ricordato in precedenza. Nella fase di intelligence dell'attività di protezione vanno esaminate tutte le possibili fonti di informazione. Questo processo include la raccolta di informazioni sui siti da visitare e sui personaggi chiave presenti, rivedendo anche le informazioni disponibili sui media.

In attesa degli aggiornamenti conseguenti all'attività di raccolta di informazioni e di analisi effettuata dagli organi preposti all'intelligence, gli addetti alla sicurezza impegnati sul campo non devono trascurare l'importanza della ricerca sulle "fonti aperte", come ho più volte sottolineato nelle pagine precedenti.

Il web, in particolare, può essere una ricca miniera di nuove informazioni e di notizie d'interesse che possono coinvolgere la persona protetta e influenzare lo svolgimento dell'attività di protezione. Si possono rilevare contenuti d'odio, minacce o rivendicazioni che interessano la persona protetta; oppure pubblicità relativa a eventi che dovevano restare riservati e le eventuali iniziative di protesta organizzate in tali occasioni; o vicende della sfera professionale che riguardano la persona protetta e che possono provocare reazioni emotive negative.

Spesso si tende a fondare le informazioni su interviste e ispezioni basate su una serie di check-list fotocopiate da libri e non costruite volta per volta. Comportarsi in questo modo significa creare un effetto di *framing* per cui i tende a vedere di un problema solo ciò che si è deciso di vedere, e solo dalla prospettiva dell'aderenza o meno alla check-list. Occorre, invece, che gli operatori della sicurezza siano in grado di saper leggere i dati che si trovano davanti con gli occhi e con la mente della fonte di Minaccia.

Ecco perché è perciò necessario chiedersi: "Cosa farei se dovessi colpire?"; "Dove, come, cosa e quando"; "Da dove potrei entrare?"; "Da dove potrei fuggire?".

Per effettuare un operazione del genere è necessario che l'operatore sia in grado di conoscere perfettamente la fonte di Minaccia, la sua capacità, le motivazioni e il modus operandi.

Questa modalità operativa può incidere in maniera determinante sulla pianificazione del servizio di protezione. Costringerà infatti l'operatore a una interpretazione dei dati raccolti in funzione del pensiero distruttivo dell'agente della fonte di Minaccia. Viene meno così la necessità di considerare la possibilità della salvezza dell'attentatore, escludendo di fatto ogni previsione fondata sulla preparazione accurata e meticolosa dell'azione, in grado di garantire all'esecutore la via di fuga.

A un kamikaze, ad esempio, non interessa la modalità di esecuzione ma solamente il massimo effetto della sua azione, per questo è portato a prediligere le situazioni di grande impatto, rispetto a quelle meno rischiose e selettive ma che garantirebbero un margine di sicurezza maggiore per l'attentatore.

## PIANIFICAZIONE OPERATIVA DEL SERVIZIO DI PROTEZIONE

Tutte le operazioni connesse al servizio di protezione devono essere pianificate dal Team in un briefing finalizzato a illustrare gli scopi generali e particolari del servizio da condurre.

In particolare, il briefing serve:

- a fornire agli operatori il maggior numero di informazioni sul soggetto da proteggere, sui suoi percorsi dinamici e relazionali già noti e sulle procedure da adottare in caso di cambiamenti di programma;
- a controllare il funzionamento e lo stato di efficienza delle attrezzature, delle armi, delle protezioni personali, delle dotazioni di emergenza e di pronto soccorso e dei veicoli da impiegare;
- a definire le modalità di comunicazione (via radio o telefono) tra i vari operatori ed i codici da utilizzare;
- a concordare il comportamento da adottare in presenza di ipotizzabili sviluppi operativi particolari, come ad esempio l'eventuale manifestazione di fattori di disturbo, o iniziative di contestazione generica o diretta contro la persona protetta.

Una volta terminata la giornata, il Team si riunisce nuovamente per un *debriefing* che ha i seguenti obiettivi:

- esporre e valutare gli elementi emersi nel corso del servizio (comportamenti della persona protetta, sue osservazioni, fattori non previsti che hanno provocato situazioni di disturbo, funzionalità delle attrezzature e dei veicoli ed eventuali rimedi alle anomalie);
- individuare e definire ulteriori modalità operative per fare fronte alle difficoltà incontrate nel corso della giornata;
- commentare gli eventuali errori commessi, allo scopo di porvi un efficace rimedio;
- verificare l'attendibilità delle fonti utilizzate per redigere

la pianificazione preventiva degli impegni attraverso il confronto fra la cronologia degli impegni effettivamente andati a buon fine e quelli preventivati.

## DEBRIEFING

Il *debrief* è una delle parti più importanti di ogni operazione. La squadra completa deve essere presente al *debrief* che deve essere effettuato il più presto possibile una volta che si è conclusa un'operazione. Questo è il momento in cui tutti possono imparare qualcosa di utile.

Durante le sessioni di *debriefing* ogni professionista che partecipa deve essere incoraggiato a dire la sua, anche a criticare apertamente i membri del suo team su tutto ciò che ritiene sia andato storto o che, a suo avviso, può essere migliorato in vista della prossima operazione.

Tutti i membri del team devono comportarsi in maniera professionale e capire che si tratta sempre di critiche costruttive. La discussione nel *debriefing* infatti è pensata esclusivamente per rendere le cose più facili e sicure durante la prossima operazione, non ci devono essere primedonne o persone che pensano di essere offese a livello personale. Il *debriefing* deve prendere in considerazione tutto, dal momento in cui si parte per la destinazione dell'operazione, fino al momento in cui l'operazione si è conclusa. Gli appunti devono essere presi da tutti i presenti che poi li devono condividere.

Oltre a essere un'occasione per imparare da ogni operazione, la sessione di *debriefing* deve essere considerata come il momento per preparare un documento essenziale: la relazione post-operazione. Anche quando l'operazione si è svolta senza intoppi, ogni fase dell'operazione deve essere segnalata e analizzata.

Vediamo un esempio pratico:

*"Terzo giorno, gita mattutina a fare shopping. Il signor McCann è stato condotto a Harrods da Martin Smith nel K419 JFK, lasciando il Grosvenor House Hotel alle 10.04 del mattino. Il viaggio è durato 18 minuti, con una piccola interruzione a causa di un autobus guasto a Knightsbridge. La signora Burrows lo ha fatto uscire dalla macchina e lo ha riportato in macchina 2 ore e 40 minuti dopo. Il viaggio di ritorno all'hotel è durato 16 minuti. Non ci sono stati incidenti in nessuno dei due viaggi in auto, e nessuno da Harrods. Il sig. McCann ha espresso la sua soddisfazione per la sicurezza di Harrods".*

Se qualcosa va storto, soprattutto se stiamo parlando di una qualsiasi forma di attacco al vostro cliente, dovete preparare un rapporto scritto dettagliato da conservare e da condividere con i vostri colleghi.

# CAPITOLO 18

## BODYLANGUAGE

SECURITY PROFILING. OPERATION BODY LANGUAGE

Il body language è uno strumento di identificazione e raccolta di informazioni finalizzato a tracciare un profilo del soggetto che stiamo osservando. Le sue funzioni sono molteplici:

- identificare persone sospette;
- identificare segni sospetti;
- valutare del soggetto e delle minacce;
- migliorare la capacità di comprensione i criminali/ teroristi;
- fornire uno strumento di classificazione per soggetti che possono rappresentare una minaccia per la sicurezza;
- permettere di identificare  soggetti pericolosi per una comunità;
- aumentare la velocità di identificazione dei problemi;

- affinare i sensi e l'istinto dell'operatore di protezione.

I messaggi che un operatore della protezione può individuare sono classificati generalmente in due macro aree: messaggi simmetrici e non simmetrici. I primi si ottengono dalla simmetria tra messaggio verbale e corporeo, i secondi invece si verificano quando il messaggio verbale e quello corporeo presentano delle contraddizioni.

Nel secondo caso deve sempre essere tenuto in maggior considerazione il messaggio corporeo a discapito di quello verbale.

## FUNZIONE DEL BODY LANGUAGE

Trasmettitori >>>> Messaggio >>>> Ricevitori

Le trasmissioni hanno sempre due tipi di comunicazioni: verbali e non.

La percentuale di comunicazione verbale da parte di un individuo mediamente è del 20%, quella invece di comunicazione non verbale rappresenta l'80%.

Comunicazione Verbale, Paraverbale, Comunicazione Non Verbale:
- Comunicazione Verbale: contenuto 7%
- Comunicazione Paraverbale: voce 38% (tono, timbro, volume, tempo, ritmo),
- Comunicazione Non Verbale: 55%

La Tecnica di Profiling si basa su tre elementi generali:
- la deviazione della norma;
- esperienze del passato;
- immaginazione realistica.

Più specificamente si basa su:
- segni sospetti/comportamenti sospetti;
- segni di attendibilità di una previsione;
- segni dell'intuito.

## DA DOVE INIZIARE

Nei momenti che precedono un'azione ostile una persona tende a comportarsi in maniera diversa dal solito. Esistono una serie di segnali che evidenziano le sue intenzioni. I cambiamenti di stress infatti creano anche un cambiamento fisiologico.

I cambiamenti fisiologici più evidenti sono: eccessiva respirazione, sudore, viso pallido o arrossato, tensione muscolare, gola e bocca secca, pupille dilatate, pelle d'oca, tic nervosi, tremolio, continua scansione dell'ambiente con gli occhi.

Impara a leggere l'ambiente che ti circonda con tutti i tuoi sensi, troverai tante informazioni utilissime. Ci sono indizi ovunque ma alcuni sono più evidenti e, molto spesso, sono proprio quelli migliori per iniziare.

Cominciamo ad esempio dai comportamenti che possono essere notati facilmente e che spesso denotano l'insorgere di problemi:

- comportamento passivo;
- evidente mancanza di interesse;
- sindrome di controllo;
- paura;
- eccessivo rilassamento o tensione;
- fissare continuamente in direzione di forze di sicurezza;
- parlare da soli;

- muoversi in maniera troppo decisa verso un obiettivo;
- stringere in modo forte oggetti tra e mani;
- esercitare troppo a lungo la visione periferica;
- vestirsi con abiti che non corrispondono al tempo o al luogo;
- avere bagagli che non corrispondono al posto;
- nascondere oggetti sotto agli abiti;
- capelli rasati;
- indossare parrucche;
- persona con trucco operativo;
- cambio delle apparenze.

Infine c'è un dettaglio che non va mai trascurato: se senti dentro di te istintivamente che qualcosa non va, è sempre bene fare un controllo, anche se razionalmente non sai spiegare il perché di quella sensazione. Spesso infatti ci accorgiamo in maniera irrazionale che "c'è qualcosa fuori posto". In quei casi sempre meglio fare un controllo in più che uno in meno.

Quando osservi un potenziale sospetto guardalo con attenzione dalla testa ai piedi: se non guardi non saprai mai dove trovare quell'indizio critico che potrebbe rivelarsi determinante ( comportamento, abbigliamento, segni sospetti).

Attenzione però, non è obbligatorio e giudicare il libro dalla copertina: la nostra apparenza fisica, il modo di vestire e il linguaggio del corpo, forniscono sempre degli indizi, ma raramente danno anche le risposte definitive sulla nostra personalità e sul nostro carattere.

È facile camuffarsi cambiando pettinatura, abbigliamento o modo di camminare, tutti dettagli che si solito hanno meno importanza quando sono visionati singolarmente rispetto ad azioni involontarie come una risata nervosa o uno sguardo furtivo.

Spesso è molto utile cercare una combinazione consistente di indizi. Se stai seguendo la pista giusta i segnali dovrebbero puntare tutti nella stessa direzione.

Prima di entrare in contatto con un obiettivo devi essere preparato, ovvero devi sapere già chi ti vedrà, qual è l'obiettivo, come ti attiverà e cosa ti dirà. È importante prepararsi per offrire una chiave di lettura confortevole agli occhi dell'obiettivo. Essere duri, autoritari e aggressivi infatti può causare uno stato temporaneo di chiusura del soggetto e, quindi, offrire sin dall'inizio una chiave di lettura negativa.

## CONTATTO

Quando si tratta di prendere contatto e comunicare personalmente con l'obiettivo non dimenticare che se cerchi di osservare in maniera dettagliata altre persone, potresti a tua volta scoprirti. Proprio per questo devi sapere cosa stai cercando. Se non sai cosa stai cercando probabilmente non lo troverai, quindi definisci chiaramente di cosa hai veramente bisogno. A volte è meglio aspettare che siano gli altri a rivelarsi. Fermati, guarda e ascolta: è fondamentale essere attento e paziente. Essere precipitoso non porta a nulla, ecco perché spesso è molto utile prendere tempo.

Proprio come è sconsigliato andare a fare la spesa quando si ha fame, allo stesso modo evita di prendere una decisione quando sei in uno stato emotivo critico (blocco, paura o altro). Se non puoi essere lucido assicurati di avere acquisito in precedenza più informazioni possibili. Prendi una decisione e poi agisci. Non permettere che le tue indecisioni, o le azioni di altri ti controllino.

## ANALISI INIZIALE

Incomincia a formarti una prima impressione basata sui tratti più notevoli della persona che stai osservando. Poi continua a testare ed eventualmente modificare quella impressione man mano che acquisisci più informazioni. Qualsiasi cosa che appare insolita è importante. Non confondere però uno stato mentale temporaneo con uno permanente: qualunque sia il carattere di una persona, tutti possono alzarsi con il piede sbagliato, quindi non affrettare nessuna conclusione. Determinate caratteristiche, come la scelta dell'abbigliamento, rivelano chi vorremo essere o come vorremo apparire in quel momento. Invece caratteristiche inconsce come l'aspetto fisico hanno effetti più penetranti e permanenti su convinzioni ed emozioni.

Non tutte le caratteristiche sono uguali: il livello di emotività di una persona, il suo status socioeconomico o le soddisfazione che trae dalla vita possono raccontare più di lui o lei rispetto ad altri tratti. Per questo devi fare particolare attenzione alle informazioni che emergono da questi tre tratti chiave:

- il linguaggio del corpo involontario potrebbe essere l'unico segnale per comprendere tratti ed emozioni negative: tutti abbiamo imparato a mascherare la disonestà, il risentimento e altri tratti socialmente indesiderati. Stai all'erta, questi segni emergono attraverso il linguaggio del corpo.

- Alcune azioni inappropriate in alcune circostanze meritano un attenzione speciale: un isolato sviamento di proprietà potrebbe semplicemente significare che la persona è stata presa di sprovvista, ma se la persona veste costantemente o si comporta in un modo troppo casuale o troppo formale, cerca di capire perché e troverai una chiave critica al suo carattere.

- Cerca un qualsiasi dettaglio dai tratti marcatamente particolari, o un particolare assolutamente unico: preparazione, abbigliamento o manierismo, se si tratta di un tratto distintivo di una persona allora diventa molto importante.

## COSA CHIEDERE AI PASSEGGERI

Ecco una serie di domande standard da fare a chi è in viaggio o sta rientrando dopo un viaggio:
- da dove viene;
- motivi del viaggio;
- se viaggia da solo;
- come è arrivato in aeroporto;
- chi ha preparato i bagagli;
- se gli stessi sono stati per qualsiasi motivo incustoditi;
- se nei bagagli vi sono oggetti o cose che somigliano ad armi;
- se qualcuno gli ha regalato qualcosa;
- se ha ricevuto qualcosa da qualcuno da far recapitare a una persona terza.

Una volta ricevute le risposte devi analizzarle. Cerca in profondità e potrai scoprire che parole spesso espressioni consce e inconsce si mescolano, altre volte no. I movimenti di chi sta parlando, inoltre, tendono a indicare la verità nascosta dietro alle parole.

Impara ad ascoltare le emozioni: quando sentiamo emozioni spesso sveliamo pensieri e sentimenti sui quali preferiremmo mantenere il riserbo. Allo stesso modo devi imparare ad ascoltare (e capire!) le "parole non dette": timbro della voce, pause e interruzioni sono i punti verso cui devi concentrare la tua attenzione. Analizza se le risposte date hanno una simmetria con il linguaggio del corpo e fai molta attenzione alle informazioni involontarie che una persona può lasciarsi sfuggire.

Ascoltare è fondamentale. Contrariamente a quanto si creda si può e si deve imparare ad ascoltare. Ecco qualche consiglio utile:

- non interrompere;
- ascolta con tutti i sensi;
- non condannare, argomentare o sostenere;
- mantieni una distanza fisica di comfort dal tuo interlocutore;
- cerca di essere coinvolto ma non troppo intensamente;
- non lasciare che l'impatto del tuo linguaggio corporeo sia influenzato dalle informazioni che carpisci dal tuo interlocutore.
-

## DOMANDE DI VERIFICA (2° LIVELLO)

Le domande aperte finali sono un invito a chiacchierare e mantenere la conversazione più a lungo, in modo da ottenere maggiori informazioni.

Le domande guidate invece focalizzano la risposta su un particolare argomento e aiutano a trovare la traccia del dialogo.

Le domande argomentative infine sono usate come ultima risorsa, ma potrebbero essere necessarie per ottenere la verità.

## SIGNIFICATI NASCOSTI

L'assenza di reazioni indica normalmente una persona preparata ad affrontare le domande e che, forse, proprio per questo motivo sta cercando di nascondere qualcosa.

L'incapacità di negare o spiegare quanto chiesto invece evidenzia come spesso vi siano soggetti i quali, una volta inventata una storia di copertura, non riescono a portarla avanti.

Se ci si trova di fronte a risposte lunghe e articolate allora è molto probabile che chi risponde stia cercando di mascherare la verità attraverso deviazioni e distrazioni.

Chi invece risponde a una domanda con un'altra domanda di solito sta utilizzando una tecnica ben precisa. A meno che il soggetto non abbia bisogno effettivamente di più informazioni, in questo modo l'interrogato sta cercando di sondare l'informazione per poi poter formulare una risposta su misura.

Quando ti trovi di fronte a lunghe pause allora è probabile che chi viene interrogato sia stato messo in difficoltà dall'ultima cosa che gli hai chiesto.

Le interruzioni invece di solo sono usate per controllare la situazione.

Se l'interrogato risponde in maniera incoerente è probabile che sia nervoso o che non riesca a concentrarsi.

Quando chi deve rispondere continua a cambiare argomento fate molta attenzione perché di norma è una tecnica utilizzata per confondere le acque.

Infine non sottovalutare l'atteggiamento difensivo: chi si lo utilizza o vuole creare una barriera di protezione o cerca di intimidire.

## Eccezioni

Non dimenticare che, come sempre, esistono delle situazioni particolari che possono influire sul comportamento di chi sta rispondendo alle tue domande:

- ripetute presentazioni di argomenti;
- bugie;
- stanchezza, fatica e stress;
- droghe e alcool;
- influenze culturali.

## INTUIZIONI

L'intuizione non è un misterioso sesto senso ma un'abilità che va allenata e addestrata. Per riuscire a far crescere la tua capacità di intuire situazioni potenzialmente negative devi imparare a:

- comprendere e rispettare la tua intuizione;
- identificare cosa ti dice la tua intuizione;
- rivedere l'evidenza;
- testare o confuta le tue teorie iniziali.

Se ascoltai la tua intuizione in maniera superficiale come se si trattasse  di un'impressione superficiale commetterai un grave errore, cerca di non farlo mai.

## CLASSIFICAZIONE FINALE

La classificazione finale dei soggetti deve avvenire tenendo conto di una serie di aspetti diversi ma tutti ugualmente importanti. Vediamo insieme quali sono.

Il linguaggio del corpo racconta soltanto una parte della storia. Devi confrontarlo con l'aspetto fisico, lo stile comportamentale, e l'indizio per avere una migliore lettura del soggetto.

Evita di attribuire significati particolari ad ogni più piccolo movimento. È importante evitare di trarre conclusioni precipitose basate su eventi secondari o persone che ti innervosiscono.

Non affidarti troppo su un singolo segnale o dettaglio. Se unisci cose importanti potresti ottenere le risposte.

Non dimenticare il Positive Body Language: postura rilassata, respiro rilassato, rigidezza non visibile o movimenti repentini, non sono presenti molte barriere alla comunicazione, buon contatto visivo, espressioni facciali rilassate.

Guardare negli occhi una persona, soprattutto se stai parlando con lei, indica interesse verso quella persona. Il contatto visivo è il primo segno che deve far scattare l'interesse di un buon operatore di protezione.

Non sono i segni individuali ma la loro combinazione a essere importante. Ci potrebbero essere ragioni importanti che spingono una persona a evitare il contatto visivo.

Non trascurare mai i canali non Verbali: espressioni, occhi, tensione, effetti psicologici, effetti fisiologici, abbigliamento, uso del tempo, uso degli spazi, comportamento, distanze.

# SECONDA PARTE

## LA PRATICA:
## INIZIAMO A LAVORARE

# CAPITOLO 1

## ESSERE PROFESSIONALI E DIMOSTRARLO

Il caposquadra di un nuovo gruppo di CPO deve organizzare l'operazione completa per i servizi di protezione per un nuovo cliente. L'operazione, in gergo viene definita "tailor made", ovvero realizzata su misura per il nuovo cliente per soddisfare le singole esigenze del cliente. In genere, ma non sempre, un servizio di questo tipo è limitato nel tempo e copre una situazione specifica o insolita per il cliente. Alcuni esempi possono essere la visita a un Paese straniero, un impegno che vede il cliente obbligato a parlare di fronte a un pubblico ostile, oppure un breve periodo in cui il cliente è vittima di una pubblicità o di una campagna stampa negativa.

Tutte le minacce, reali o "immaginarie", devono essere prese sul serio. Il Team Leader guiderà la squadra attraverso le fasi che andiamo ora a elencare.

## COLLOQUIO CON IL CLIENTE

Confrontarsi con il cliente è ovviamente la prima cosa da fare. Ecco una serie di domande standard che possono essere utili in questa prima fase: in che modo il cliente percepisce la minaccia? Qual è il livello di protezione che sta cercando? Il livello di protezione è proporzionato alla minaccia temuta? Qual è il budget a disposizione? È disposto ad accettare il livello di intrusione nella sua vita privata che comporta un piano di protezione pianificato? Esistono requisiti speciali?

## ANALISI DETTAGLIATA DELLE MINACCE

Si tratta di una minaccia reale? Quanto reale? Chi sta minacciando il cliente? Quanto è grave la minaccia? È solo un disturbo, può essere una minaccia di morte o soltanto la minaccia di eventuali danni fisici o materiali? Quante probabilità ci sono che la minaccia sarà effettuata? Quali sono i punti di pericolo? Quando e come è la minaccia rischia di diventare una realtà?

## IL PASSATO DEL CLIENTE

Analizzare il passato del cliente significa capire se è stato già minacciato in precedenza e da chi.

Gli attacchi effettivamente minacciati poi sono stati portati a termine? Nel caso quale azione è stata presa? Le persone che hanno minacciato il cliente in passato possono costituire ancora una minaccia per il cliente? Va fatto insomma uno screening completo.

## Rischi Presenti

Vanno poi considerati i rischi presenti del cliente, ovvero fino a che punto è in pericolo, quali sono i punti a rischio dell'operazione e quali sono le eventuali "aree sicure".

## Formazione Team di Protezione

A questo punto si deve passare a formare la squadra di protezione. Quanti CPO sono necessari? Quanto devono essere esperti? Vanno considerati tutta una serie di aspetti di fondamentale importanza per capire se c'è bisogno di una protezione h24, se tutti gli operatori devono essere maschi o se possono servire anche donne. Infine va fatto il calcolo delle ore e della turnazione dei membri del team di protezione.

## Pre-meeting Operativo

Il team di CPO è riunito. Tutti sono informati sul cliente, conoscono il rischio, la sua storia passata, la situazione attuale, il livello di protezione richiesto e per quanto tempo. I singoli membri hanno il compito di occuparsi concretamente dell'operatività. Vanno incoraggiate quindi domande e risposte libere per confrontarsi e per considerare qualsiasi eventualità. Tutti devono contribuire. Quest'ultimo è un aspetto molto importante e che non va mai sottovalutato.

## Operatività diretta e conferme

Quando il programma stilato diventa operativo per la protezione del cliente il team di protezione si prende l'impegno che tutto andrà secondo i piani e che ogni dettaglio verrà eseguito un modo funzionale, regolare ed efficace.

## Post meeting operativo

Al termine dell'operatività vanno richiamate tutte le squadre di CPO per discutere nuovamente l'operazione. Si sottolineano gli eventuali punti deboli dell'operazione cercando una possibile soluzione. Ognuno deve condividere quello che viene deciso e memorizzare le strategia pianificata. A questo punto è importante chiedersi se davvero il team ha fatto del suo meglio o se invece ci sono state lacune o dimenticanze. Anche in questo caso è fondamentale che tutti contribuiscano.

## Composizione della squadra operativa: acronimi

Un'operazione di protezione professionale può essere organizzata per qualsiasi tipologia di allerta. Parliamo quindi di rischio basso, medio o alto.

Vediamo una carrellata di tutti i principali attori sul palcoscenico con i relativi acronimi.

## Guardia del corpo

- Bodyguard: BG
- Close Protection Officer: CPO
- Executive Protection Office: EPO
- Personal Protection Officer: PPO
- Individual Protection Officer: IPO

## Executive

- Normalmente chiamato VIP (Very Important Person)

## PROTECTION TEAM
- Team Leader: TL
- Executive Protection Team: EPT
- Close Protection Team: CPT
- Personal Protection Team: PPT
- Bodyguard Team: BT
- Protective Operations Team: POT

## OUTER PROTECTION OFFICERS
- Advance Security Team: AST
- Resident Security Team: RST

## OTHER RELATE OFFICERS
- Vehicle Chauffeur: VC
- In House Security Consultant: IHSC
- Officer in Charge: OIC

## COMPITI SPECIFICI
La protezione è un lavoro di squadra. Tutti i membri del team, dal team leader all'ultimo arrivato, devono avere la profonda convinzione dell'importanza del "gioco di squadra", ovvero devono sapere che ci sono doveri individuali e responsabilità personali e di gruppo.

## RESPONSABILE DELLA PROTEZIONE INDIVIDUALE (IPO)
Il responsabile della protezione individuale (IPO) è la persona che fornisce l'ultima linea di difesa per il VIP. La sua principale importanza è la prevenzione delle minacce. Deve sempre restare vicino al VIP.

## SQUADRA ESECUTIVA DI PROTEZIONE (EPT)

Il dovere dell'Executive Protection Team (EPT) è quello di formare uno scudo protettivo intorno al VIP e al caposquadra. Questo include la gestione di tutte le minacce potenziali e inattese, mentre il team leader allontana il VIP dalla zona di pericolo. Maggiore è il rischio, maggiore è il numero di operatori TPE.

## SECURITY TEAM ADVANCE (AST)

Il team di sicurezza Advance (AST) prende il controllo di tutte le funzioni avanzate di valutazione delle minacce, tra cui la pianificazione del percorso e i sopralluoghi. Il team di sicurezza protegge il luogo che il VIP deve visitare valutando le zone di pericolo che saranno riportate all'EPT.

Dopo il completamento della verifica del sito o del percorso, devono poi agire come cordone di sicurezza esterna o passare a controllare la sede successiva a seconda delle priorità.

## RESIDENT SECURITY TEAM (RST)

Il Resident Security Team si occupa di controllare la residenza del VIP e del suo luogo di lavoro.

## VEHICLE CHAUFFEUR (VC)

L'autista del veicolo (VC) si assume la responsabilità del comfort e della sicurezza del VIP mentre si trova all'interno del suo veicolo. Altre funzioni comprendono la sicurezza, la manutenzione dei veicoli e lo stoccaggio di casse e borse come ad esempio la medical bag o altri eventuali bagagli.

## IN HOUSE SECURITY CONSULTANT (IHSC)

Il consulente In House Security (IHSC) fornisce o al team leader o al suo incaricato tutte le informazioni richieste.

## OFFICIAL IN CHARGE (OIC)

L'ufficiale in carica (OIC) è il comandante generale delle operazioni di protezione del team. Di solito non fa parte della squadra in servizio, ma è più probabile che sia un membro anziano della società che ha ingaggiato la squadra di protezione.

I suoi compiti includono collegamento tra tutti gli operatori e le agenzie esterne, *briefing* e *debriefing*.

## CONSIGLI UTILI

Una volta terminato l'addestramento potresti ritrovarti a ricoprire una delle varie posizioni di responsabilità all'interno di un team di protezione. Una parte importante della tua formazione richiede che tu sia esperto in tutti questi diversi tipi di lavoro. Potresti ricevere una proposta di lavoro molto ben retribuita per ricoprire un ruolo all'interno di un team di sicurezza avanzata, ad esempio, e sarebbe un peccato perderla perché non conosci a fondo quel ruolo.

Nella fase iniziale della tua formazione potrebbe rivelarsi molto utile entrare a far parte di un team formato da professionisti con lunga esperienza. In casi del genere infatti si può imparare moltissimo dai propri colleghi.

Inoltre non dimenticare mai, quando rispondi a un'offerta di lavoro o quando fai domanda per un nuovo contratto, di essere assolutamente onesto sulla tua formazione e sulla tua esperienza. Questo significa ammettere anche di avere zero esperienza nel settore, ad esempio. In questi anni ho costruito diversi team di protezione e ti assicuro che preferisco mille volte qualcuno onesto al 100% sulle sue capacità e abilità, piuttosto che qualche auto-nominatosi "supereroe" dall'ego ipertrofico. Anche perché poi quando i problemi veri si presentano il palco crolla sempre miseramente.

Essere onesti con se stessi significa essere sobri, affidabili, seri. Il team leader sarà quindi in grado di assegnarti un posto adatto nella squadra, in modo che tu possa acquisire esperienza rendendoti comunque utile fin da subito. Inoltre può anche tenerti d'occhio e, nel caso, aiutarti. Se un Team Leader mette un "fake-CPO" in una posizione chiave, allora l'intera operazione e la squadra sono in grave pericolo.

L'ufficiale in comando (OIC) del gruppo di controllo o dell'organo direttivo deve mantenere contatti attivi con il leader del TPE per la selezione di tutti i nuovi assunti. In questo campo si deve applicare sempre il principio della libera concorrenza.

Tutti i potenziali nuovi assunti devono avere una qualifica minima di tre settimane complete di formazione intensiva di base prima di essere presi in considerazione per la maggior parte delle operazioni a basso rischio. Tutte le reclute dell'EPT devono superare tutti i corsi previsti per l'ultizzo delle armi da fuoco. Il leader dell'EPT e l'OIC devono realizzare un esame di selezione pratica e teorica per tutti i potenziali membri del TCE, compreso un esame orale.

Le persone che superano questa procedura di selezione devono quindi completare un periodo di prova di dodici settimane.

È così che si deve fare, sempre. Mi spiace ma in questo lavoro non esistono scorciatoie o corsie preferenziali

## Cosa rende un EPT efficace?

Una squadra che si è allenata insieme. Senza dubbio questo è il fattore più importante.

Un OIC dedicato e/o un team leader dedicato. OIC e team leader capaci di comprendere le insidie del compiacimento, e quindi aperti a nuovi e più produttivi modi di affrontare la minaccia sempre più sofisticata e in espansione dell'elemento criminale.

Membri EPT altamente motivati a livello individuale, flessibili e disposti ad ascoltare e imparare. Troppe persone pensano di sapere tutto dopo poche settimane di formazione. Cerca di non commettere mai questo errore.

Professionisti dedicati che non hanno aspettative irrealistiche, soprattutto in una scala temporale ancora più irrealistica.

Un team composto da professionisti calmi e sobri, e non da isterici che hanno visto troppi film americani.

Un team composto da persone che si rendono conto che la loro formazione è costantemente in divenire e che non ci sarà mai un momento in cui potranno dire: "Ho finito, sono pienamente addestrato".

## Problemi comuni

Devo essere assolutamente sincero con te. Ti posso assicurare che, a parte le mie squadre, poche squadre sono formate in maniera corretta e adeguata. Perché si verificano situazioni di questo tipo? Ecco i motivi più ricorrenti.

La maggior parte dei "Team Leader" sono inesperti. Personalmente mi sono imbattuto in TL senza alcuna esperienza nel settore.

Il "team" è un insieme assemblato in maniera frettolosa di

tutti i "compagni" e gli amici dei TL che erano senza lavoro.

Il "team" non si è mai allenato né ha mai lavorato insieme prima di entrare in missione.

Il "team" è una reazione affrettata all'arrivo (sorprendente) di un lavoro inaspettato...

Questa è la triste situazione attuale del nostro settore. Ci sono delle eccezioni, naturalmente. Io per primo ho lavorato con diversi team altamente competenti comandati da TL esperti. Tuttavia, mi spiace ammetterlo, sono l'eccezione.

Ci sono infatti tutta un'altra serie di problemi ricorrenti che non vanno mai sottovalutati:

- nessuna catena di comando chiara e concordata; nessun secondo al comando.
- inesperienza generale (di gran lunga il problema più comune);
- attrezzatura inadatta (a volte addirittura non c'è);
- nessun addestramento di gruppo;
- un gruppo di individui non riesce ad agire in maniera spontanea secondo una modalità di comportamento comunemente concordata, se non addirittura senza alcun tipo di comportamento codificato. Alla base di questo atteggiamento di solito c'è una scarsa comprensione di ciò che ogni membro del team dovrebbe fare al momento del "contatto", con il risultato che i membri del team si comportano in maniera istintiva e casuale nelle situazioni di emergenza;
- non vengono mai effettuate sessioni di *debrief*, quindi manca l'esperienza di apprendimento;
- scontri e rivalità tra personalità individuali;
- uno o più membri sono delle mine vaganti tanto da risultare un vero e proprio pericolo per il VIP. Personaggi

del genere non dovrebbero mai lavorare in questo settore;

- mancanza di impegno nei confronti di questo tipo di professione, tipico atteggiamento assolutamente controproducente di chi non prende mai le cose sul serio;

- persone che fanno questo tipo di lavoro perché costrette da problemi economici o di altro tipo, di solito sperano sempre di trovare qualcosa di meglio da fare;

- atteggiamenti da "macho" o da "Rambo", spesso provenienti addirittura dal cosiddetto TL.

## MOTIVI DEI FALLIMENTI DELLE SQUADRE DI PROTEZIONE ESECUTIVA

È importante precisare che mediamente gli EPT hanno un alto tasso di mortalità. Attenzione però, con questo non vogliono dire che vengono uccisi da assassini o da terroristi. La dura verità è che la maggior parte dei nuovi EPT non arriva nemmeno a concludere il loro primo contratto. Se la nuova squadra poi ha la fortuna di ricevere un contratto, spesso non arrivano al secondo lavoro e oltre. Perché?

Al di là delle ragioni che ho già indicato nelle pagine precedenti, ci sono altri aspetti specifici che è bene considerare:

1. Mancanza di direzione.

Il team (come ho detto) era "assemblato alla bell'è meglio" per un lavoro. Non aveva uno scopo, una direzione o un obiettivo specifico. Così,, dopo un solo lavoro, la squadra si disintegra e i membri si allontanano tornando alle loro vite precedenti. Ricordati che *"hai bisogno di un sogno per costruire una squadra"*.

2. Mancanza di finanziamenti.

Diventare un OPAE efficace costa denaro. Soldi per la formazione continua, per le attrezzature, per i viaggi, per il marketing e le vendite. Tante voci di spesa che si sommano tra loro. Se vogliamo fare un esempio pratico possiamo dire che per un singolo fine settimana di training ogni membro del team potrebbe costare tranquillamente più di 1.000 €. Ecco perché la maggior parte delle "squadre" amatoriali non si si allenano. Anche in questo business però, proprio come in tutti gli altri, per guadagnare prima devi spendere.

3. Problemi personali dei membri.

Questo è un punto particolarmente delicato per gli OPAE sposati e che non va mai sottovalutato. Se poi ci sono anche dei figli la situazione è ancora più critica, tanto che spesso può far nascere grossi problemi all'interno del tema.

4. Mancanza di impegno nell'EPT.

Come ho già scritto in precedenza, molte persone stanno semplicemente occupando del tempo morto in attesa di meglio e non fanno sul serio. Meglio lasciarle perdere.

5. Mancanza di una gestione efficace.

Classico problema che si verifica quando è il TL ad avere i problemi che ho appena descritto. Se il leader non è un giocatore serio, come puoi aspettarti che il resto della squadra lo sia?

6. I membri del management e dell'EPT non hanno contatti internazionali.

In questo particolare settore la maggior parte degli

incarichi arrivano da oltreoceano o da paesi extraeuropei. Il contatto con una rete internazionale di operatori dunque è essenziale per ottenere lavori seri.

## FORMAZIONE E ATTREZZATURE EPT

Una delle caratteristiche distintive di un TL serio è saper riconoscere la necessità di una formazione continua. Sei bravo come l'ultima volta che ti sei allenato, ma quand'è stata questa famosa ultima volta? Molti team leader sono convinti che l'addestramento sia qualcosa per i principianti, non per loro. Ecco perché non frequentano un corso di formazione da anni, e purtroppo poi i risultati si vedono.

L'OIC o il TL devono invece essere responsabili e decidere i seguenti aspetti della formazione:

- che tipo di formazione deve    avere la squadra per svolgere il suo lavoro?
- quale deve essere la frequenza dei corsi di aggiornamento?
- chi deve essere responsabile del programma di formazione? (di solito l'OIC o TL.)
- quale sistema dovrebbe essere in atto per registrare la formazione di ciascun membro?

Non dimenticate che la prima persona a cui si applica il SERIOUS Team Leader (o OIC) è... se stesso!

## CLOSE PROTECTION TEAM - FORMAZIONE OBBLIGATORIA

Il termine "obbligatorio" ha un significato bene preciso, indica cioè che non ci sono possibilità di scelta: devi farlo. Le competenze di un CPO infatti possono essere mantenute a un buon livello soltanto in un modo: con la pratica costante.senza una pratica regolare (attraverso l'allenamento e l'aggiornamento) non si può pretendere di possedere le abilità richieste. Nel migliore dei casi si può affermare di averlo "fatto una volta, qualche anno fa". Ma non basta. È fin troppo facile arrugginirsi. Quando la situazione lo richiede è assolutamente necessario estrarre l'abilità giusta al momento giusto, e bisogna farlo il più in fretta possibile, in maniera quasi automatica. Non c'è tempo per riflettere per qualche minuto mentre si cerca disperatamente di ricordare come iniziare a fare il tuo lavoro.

Qui di seguito trovi le categorie che richiedono formazione e aggiornamento continui:

- Armi da fuoco/ (CQB).
- Guida (devi padroneggiare tre tipi di guida: Offensiva, Difensiva e Protettiva).
- Conoscenze e capacità paramediche.
- Dispositivi esplosivi improvvisati (IED). Sono richieste capacità di ricerca e localizzazione sia negli edifici che nei veicoli.
- Competenze di escort pedonale e veicolare.
- Abilità di combattimento disarmato.
- Abilità di contro sorveglianza elettronica.
- Veicolo antincendio Em/De-Bussing ad alto rischio.
- Capacità di comunicazione e corrette procedure radio.
- Metodologie di briefing e *debriefing*.
- Uso della forza
- Regole di ingaggio

Non si può rivendicare una qualsiasi delle competenze di cui sopra se non hai seguito una formazione realistica negli ultimi dodici mesi.

## FORMAZIONE FACOLTATIVA (MA NON MENO UTILE)

Il termine facoltativo indica che si ha la possibilità di scegliere se fare o meno una determinata cosa. Nel nostro caso significa che sei costretto a farla soltanto se il tuo OIC o GB decide che si tratta di una competenza necessaria per migliorare le tue prestazioni all'interno dell'OPAE.

La mia opinione come istruttore è che non ha senso parlare di formazione facoltativa: se pensi che sia MISSION SPECIFIC, allora fallo. Non aspettare che qualcun altro te lo chieda. Alla fine sei sempre tu il primo responsabile della tua formazione.

Ecco le varie categorie di formazione "facoltativa":

- Etichetta.
- Protocollo.
- Terrorismo e psicologia criminale.
- Lingue straniere.
- Sniper-Marksman.
- K9 unit.
- Uso di apparecchiature TVCC.
- Riconoscimento Armi chimiche, gas O/C, ecc.
- Negoziazione e salvataggio dell'ostaggio.
- Nuove attrezzature (aggiornamento).

L'ho già detto, ma lo ripeterò ancora: maggiori sono le tue competenze e più è probabile che ti venga chiesto di far parte di una team impegnato in una missione operativa, in particolare per i lavori più difficili ma anche meglio retribuiti.

## QUALITÀ DI UNA BUONA GUARDIA DEL CORPO

Esistono alcune qualità indispensabili per ottenere il successo in campo complicato come questo. Probabilmente hai iniziato pensando che la qualità principale di un CPO sia quello "muscolare", ma spero che tu abbia imparato che la realtà è molto diversa dalla fantasia.

Di seguito ho elencato le qualità che rendono un operativo davvero eccezionale:

### 1. Buon senso

Si tratta senza dubbio della qualità più importante e, te lo posso assicurare, molto più rara di quanto potresti credere.

### 2. Intelligenza

Non stiamo parlando di avere un QI da fenomeno, ma semplicemente di avere una una buona e solida "saggezza di strada", oltre alla capacità di usare il cervello, sopratuttto nei momenti difficili in cui tutti perdono la testa.

### 3. Voglia di imparare

Ci sono troppe persone che pensano di "sapere tutto" o che sia tutto "facile". Cerca di non essere anche tu uno di loro.

### 4. Disciplina

Non puoi fare questo lavoro se sei sciatto o pigro. Non puoi farlo se pensi che alzarsi presto alla mattina sia un problema.Non puoi farlo se non sai vestirti in maniera adeguata. Non puoi farlo se non sei in grado di accettare un ordine senza discutere o, peggio ancora, se non accetti l'autorità. Quelli che ho citato, tra l'altro, sono solo alcuni esempi di mancanza di disciplina e di autodisciplina, ma com'è facile immaginare se ne potrebbero fare molti altri.

5. Discrezione

Stiamo parlando della capacità di tenere la bocca chiusa e di non urlare ai quattro venti le tue "imprese" professionali. Ho già detto in precedenza quanto importante sia parlare il meno possibile, restare in silenzio, vestirsi in modo adeguato e, soprattuto, saper mantenere un segreto. Sì perché se farai la guardia del corpo ai VIP è molto probabile che potrai vedere cose incredibili, te lo posso assicurare!

6. Buone capacità di osservazione

Il tuo compito è quello di cercare, ascoltare e scrutare in continuazione per prevenire possibili attacchi. Per questo devi avere eccellenti capacità di osservazione. Non puoi permetterti di perdere nemmeno il più piccolo dettaglio.

7. Saper riconoscere le persone per quello che sono veramente

Quando si lavora con un team, oppure quando lo si selezione, si deve essere consapevoli che, purtroppo, ci sono più persone interessate solo allo stipendio che a fare correttamente il proprio lavoro che professionisti. Per questo motivo scegli i tuoi partner con saggezza, potresti avere un'unica possibilità

LA FILOSOFIA DEL TL IN UN TEAM DI CLOSE PROTECTION

Lo scopo ultimo di chiunque lavoro come guardia del corpo o COP è quello di concludere il contratto e tornare vivo, senza ferite e ben pagato.

Per poterlo fare non devi mai abbassare la guardia trascurando la tua formazione, o cominciare a pensare di sapere tutto. Non importa quanta esperienza hai accumulato sul campo. La prima guardia del corpo che ti dice che non ha bisogno di addestramento è quella che ha maggiori probabilità di farvi uccidere entrambi.

La formazione continua è essenziale, so di ripetermi ma è un punto che troppo spesso vedo trascurato anche da professionisti di lunga data. Per quanto mi riguarda, ad esempio, sono costantemente in fase di aggiornamento e frequento diversi corsi di formazioni ogni anno.

Ricorda che a volte è necessario fare un passo indietro per fare due passi avanti. Dal momento in cui siamo nati passiamo tutti attraverso un processo di apprendimento per realizzare compiti che possono sembrare estremamente semplici. Durante questo processo la nostra mente e il nostro corpo lavorano insieme per costruire la memoria muscolare, che viene poi utilizzata in tante attività diverse come parlare, guidare o sparare. Possiamo costruire questa memoria muscolare solo ripetendo costantemente i singoli passi che determinano l'azione completa, fino a quando non viene archiviata nel nostro subconscio. Perfeziona le tue tecniche e poi metti più impegno nell'allenare i tuoi punti deboli.

Non farti illusioni, la ragione per cui probabilmente stai portando un'arma da fuoco in luoghi d'oltreoceano è difendere qualcuno. Con ogni probabilità sarà il VIP a vivere sotto minaccia. Prima si fa i conti con questo fatto, più velocemente si salverà non solo la propria vita, ma anche la vita del cliente e possibilmente quella dei membri del team dell'OPAE nel caso in cui si verifichi un confronto letale.

# CAPITOLO 2

## TUTTO INIZIA CON UN PIANO

*"Se non hai un piano significa che stia pianificando il tuo fallimento"* (Benjamin Franklin).

*"Vado matto per i piani ben riusciti!"* (Colonnello John "Hannibal" Smith)

Il nostro lavoro non riguarda i muscoli e tutte le stronzate da macho che si vedono al cinema. Si tratta di pianificazione e intelligenza.

Le nostre competenze in materia di CQB e armi da fuoco sono l'ultima risorsa assoluta per mettere una pezza ai momenti in cui abbiamo fallito, quasi sempre a causa di una pianificazione inadeguata.

Non fraintendermi: se devi estrarre un'arma da fuoco o ingaggiare uno scontro mortale con un aggressore, allora significa che non c'è altro modo di rimediare all'errore. Ormai la frittata è fatta.

Questa situazione però è quasi sempre il risultato di una pianificazione approssimativa e di una scarsa attenzione ai dettagli.

Stai pensando che non è colpa tua se un pazzoide si è precipitato fuori dalla folla e si è lanciato contro il tuo VIP? Beh, lascia che ti dica che se ragioni così allora non hai capito il tuo lavoro, perché in un caso del genere è palese che tu non sia riuscito a fare una corretta valutazione delle minacce.

Perché stavi passando così vicino alla folla? Perché quest'uomo ha attaccato? Non avevi previsto un attacco del genere? Perché no?

Questo è il tuo lavoro, prevenire una situazione del genere è il tuo lavoro.

Non sei una scimmia senza cervello che viene assunta allo scopo specifico di lanciarti davanti a un proiettile nel caso in cui si verifichi una "tragica fatalità". Ricordati che niente accade mai per caso, c'è sempre un motivo se qualcuno attacca.

La minaccia è quasi sempre prevedibile. Se ti lamenti che l'assalitore era un pazzo e "nessuno avrebbe potuto immaginare una cosa del genere", allora stai cercando di dirmi che non ti eri reso conto che esistessero persone del genere.

Sì perché con queste parole stai ammettendo che non avevi idea che ci fossero pazzi del genere in grado di fare tentare un attacco simile, quindi non ti sei nemmeno preoccupato di pianificare uno scenario di minaccia di questo tipo.

A me sembra una scusa, non credi?

## ANALISI

Nel redigere una valutazione della minaccia occorre tenere conto dei seguenti punti:

- Perché il cliente sente di aver bisogno di protezione? Da chi deve proteggere il cliente?
- Chi altro ha bisogno di essere protetto?
- Dove è probabile che si verifichi l'attacco? Quando è probabile che l'attacco avvenga?
- Che cosa ha fatto il cliente per arrivare al punto di avere bisogno di protezione?

# CAPITOLO 3

## CONOSCI IL TUO CLIENTE
## PIÙ DI TE STESSO

Durante la consultazione iniziale e il colloquio con i vostri clienti devi sottolineare che devono essere totalmente onesti con te Se, ad esempio, ti racconteranno solo metà della storia, la tua operazione potrebbe essere seriamente compromessa in partenza.

Sappi però che pochissimi clienti saranno completamente onesti con te, e questo perché si rendono conto che se "dicono tutto" l'intera operazione potrebbe risultare molto più costosa per loro. Per questo motivo, insieme a tutta una serie di motivazioni legate alla privacy o all'esigenza di tenere nascoste attività poco lecite, molto spesso i clienti raccontano delle mezze verità.

Il cliente inoltre tende a sottovalutare o minimizzare il livello di minaccia. Per esempio, potrebbe sapere di avere disturbato qualche organizzazione in particolare, ma "non rendersi conto" che questa organizzazione sia abbastanza seria da reagire, e quindi decide di non menzionarti quello che per lui è un semplice dettaglio. Tu devi continua a sondare, ancora e ancora, devi farti dire tutto.

In qualità di OPAE professionale è necessario conoscere l'itinerario completo del cliente e anche l'itinerario della sua famiglia. Questo significa sapere dove stanno andando, che mezzi usano, quando si muovono e cosa stanno facendo. Devi anche sapere tutto quello che c'è da sapere su ogni membro dello staff, compreso l'accesso completo ai loro file.

Ti consiglio di ricordare sempre 6 punti chiave, ovvro chi, dove, come, quando, perché e cosa. Devi stabilire anche perché il tuo cliente sente il bisogno di protezione. Con le informazioni ottenute dalla consultazione iniziale e dal colloquio dovresti essere in grado di capire se c'è davvero bisogno di protezione.

## ALCUNI ESEMPI PRATICI

Facciamo alcuni esempi pratici. Dopo l'assassinio di John Lennon il numero di contratti per la protezione di personalità nel mondo dello spettacolo aumentò a dismisura. La maggior parte dei VIP che cercavano questo tipo di protezione non aveva ricevuto minacce specifiche, ma semplicemente sentiva che se era successo a Lennon, allora sarebbe potuto accadere anche a loro.

Per questo in fase del colloquio con il tuo cliente dovresti cercare di accertare quanto potrebbe essere reale la possibilità di una minaccia per lui: il tuo cliente da chi pensa di dover essere protetto? È molto probabile che il tuo cliente abbia un'idea abbastanza precisa di chi possa rappresentare una minaccia per lui. Una delle rare eccezioni è quando si ha a che fare con uno stalker.

Immagina che il tuo cliente sia il direttore di un centro di ricerca medica che sperimenta sugli animali. Potrebbe essere preso di mira dal Fronte di liberazione degli animali. Ma, forse, è anche azionista di una serie di centri medici che praticano l'aborto. Potrebbe essere preso di mira anche da un gruppo radicale di antiabortisi, e forse anche da un'organizzazione di fanatici religiosi. È essenziale quindi ascoltare quello che il cliente ti dice, ma è più importante leggere tra le righe per arrivare a capire quello che non ti sta dicendo.

Il tuo cliente ha fatto qualcosa per scatenare una minaccia? Beh, usiamo il cliente dell'esempio. Sappiamo che è coinvolto sia negli esperimenti sugli animali che nelle cliniche per l'aborto. Potrebbe aver gestito i suoi affari senza problemi per un certo numero di anni. Perché ora sente di aver bisogno di protezione? Cos'è cambiato così tanto da farlo preoccupare?

È in questo momento che devi fare in modo che il cliente sia il più possibile onesto con te. Hai bisogno di iniziare a costruire il tuo fascicolo del caso, ad esempio andando a vedere cosa ha fatto nel mondo del business ma anche nella sua vita sociale, scoprendo eventuali azioni che potrebbe aver causato la necessità di assumere un team di protezione. Forse la sua azienda è stata oggetto di un'offerta pubblica di acquisto ostile? Si stanno espandendo verso paesi instabili da un punto di vista politico? In tal caso, è possibile che la criminalità organizzata si sia rivolta a lui per proteggere i suoi investimenti o per "riciclare" grosse somme di denaro attraverso la sua azienda. Come puoi vedere la minaccia e i fattori di rischio aumentano rapidamente man mano che si procede con l'analisi.

## DEVI CONOSCERE TUTTO DEL TUO CLIENTE

Non dimenticare mai quello che ti ho detto all'inizio del nostro corso di formazione: le cose non sono sempre come appaiono. Devi sempre guardare in profondità al centro del problema e non farti ingannare dalla copertina di un libro. Cerca quello quello che c'è ma anche quello che sembra non esserci.

Anche se la minaccia diretta può essere rivolta al cliente, di solito ci sono altri soggetti da prendere in considerazione tra cui, ma non solo, la famiglia, gli amici intimi, il personale e i colleghi di lavoro. Ancora una volta devi sottolineare l'importanza dell'onestà totale da parte del tuo cliente. È necessario acquisire la fiducia del cliente e assicurarsi che sia consapevole del fatto che le informazioni sensibili o delicate che ti vengono trasmesse sono blindate e non verranno mai comunicate a terzi.

Facciamo un altro passo avanti. Abbiamo, per esempio, un cliente che si è rifiutato di pagare il pizzo alla criminalità organizzata. Hai compilato la tua valutazione delle minacce e improvvisamente ricevi una chiamata: la moglie del tuo cliente è stata rapita. Se il tuo cliente non paga verrà uccisa.

Cosa significa questo per l'EPO? Semplicemente significa che hai fallito nella valutazione delle minacce. Perché? Perché devi conoscere non solo l'itinerario dei tuoi clienti, ma anche quello della sua famiglia.

Questa è un'altra parte importante della tua consulenza ai clienti. Hai bisogno di un accesso completo all'itinerario della famiglia del tuo cliente. Uno dei modi più semplici con cui i criminali possono costringere il tuo cliente a soddisfare qualsiasi richiesta o richiesta di pagamenti per estorsione è proprio quello di rapire i suoi famigliari. Pochi genitori possono sopportare la tortura mentale di avere i figli sottoposti a traumi violenti di questo genere. È quindi imperativo che tu sia pienamente consapevole dell'itinerario di tutto il personale collegato al tuo cliente.

## CONTROLLO DEL PERSONALE

Molto spesso il cliente potrebbe non essere disposto a consentire l'accesso ai file privati dei suoi dipendenti, soprattutto se si tratta di dipendenti di vecchia data.

Ti assicuro che uno dei modi più semplici per colpire il tuo cliente invece è proprio attraverso il suo personale. Il denaro parla, devi imparare a saperlo ascoltare. Immagina per un momento che la "fedele" cameriera del vostro cliente sia una giocatrice d'azzardo patologica. Non importa quanto guadagna, non sarà mai abbastanza. Dimmi per quanto tempo potrà rimanere fedele, se qualcuno inizia a offrirle somme di denaro contante solo per trasmettere quelle che lei considera informazioni innocue? Scommetto che il tuo cliente e la sua famiglia saranno compromessi molto prima che tu ti renda conto di quello che sta succedendo.

Vediamo un altro esempio. E se l'autista del tuo cliente fosse membro al Fronte di liberazione degli animali? I membri del personale potrebbero non avere vere e proprie cattive intenzioni contro il cliente, ma è sempre bene controllare e ricontrollare ogni dettaglio. Molto spesso il personale non si rende conto di avere opinioni contrastanti con quelle del cliente o della sua famiglia, è compito tuo guardare sotto la superficie e identificare potenziali problemi. La regola d'oro è che il personale non può mai essere totalmente affidabile. Non importa quanto leali siano i dipendenti, la maggior parte del loro (a volte anche tutti) sono gelosi dei soldi e del successo del loro datore di lavoro e ritengono di meritare una fetta più ampia della torta.

## COSA DOVRESTI SAPERE

Nessuna valutazione delle minacce sarà completa senza che l'OPAE abbia una conoscenza approfondita del suo cliente. Quali sono i suoi gusti e le sue antipatie? Cosa gli piace fare, cosa non gli piace fare? Si tratta di questioni fondamentali che devono essere affrontate con scrupolosità. Hai bisogno di fare un sacco di domande: chi, cosa, dove, dove, quando, come, come, ecc.

Devi scoprire le persone con cui il cliente può venire in contatto. Il tuo cliente infatti può essere legato a molte persone che fanno parte di mondi diversi: legami sangue, matrimonio, amicizia, relazioni intime, relazioni casualmente, persone incrociate al lavoro o nel tempo libero. Ognuna di queste persone è un potenziale problema per te e per la tua attività.

Scopri tutto quello che puoi sui luoghi che il tuo cliente potrebbe visitare, cioè dove lavora, gioca, beve, si rilassa e anche la zona in cui vive. Durante la fase preliminare prendi appunti discreti sulla personalità del tuo cliente: è forte, aggressivo e offensivo, oppure è gentile e amichevole? Molti dirigenti aziendali possiedono una personalità estremamente competitiva, e molti di loro si fanno nemici molto in fretta.

Controlla poi se il tuo cliente ha pregiudizi o comportamenti sgradevoli che possono creargli dei nemici: è bitto? È razzista? Non si tratta di giudicare le sue idee, la tua deve essere una conoscenza scientifica e distaccata per poter impostare al meglio il tuo lavoro.

## STORIA PERSONALE

Il prossimo passo è quello di analizzare la storia personale del tuo cliente. Stiamo parlando di qualsiasi altro nome che può aver usato in passato, la sua data di n

È imperativo avere accesso alla sua documentazione medica, è necessario conoscere tutto sulle condizioni di salute passate o presenti. Devi conoscere il suo gruppo sanguigno, se sta prendendo qualche farmaco, se soffre di allergie, se utilizza farmaci comuni oppure farmaci di difficile reperibilità.

Spero che le ragioni di tutto ciò siano ovvie: se il tuo VIP è a terra e sanguina non puoi permetterti di non conoscere il suo gruppo sanguigno o se è allergico all'aspirina...

## STILE DI VITA PUBBLICO E PRIVATO

Il tuo cliente è un membro attivo di organizzazioni politiche o religiose? In caso affermativo, un ulteriore fattore di rischio si aggiunge a quelli già preesistenti. Infine, qual è lo stile di vita privato del tuo cliente? È un casalingo? Ha l'amante? Ha una doppia vita? È dichiaratamente gay o lo nasconde? Assume sostanze stupefacenti? Frequenta prostitute?

Bene, adesso hai raccolto tutte le informazioni e le informazioni sul tuo cliente. Ma c'è ancora qualcos'altro da fare.

## L'OPPOSIZIONE

Supponendo che il cliente ti dica di aver ricevuto una minaccia diretta da una associazione animalista, cosa devi fare?

In primo luogo è necessario scoprire quanto più possibile sul gruppo in questione, ed è qui che le visite visitare gli archivi online dei giornali, il web e ogni possibile fonte aperta relativa alla stampa può esserti molto utile.

In particolare, è necessario sapere:
- dove si trovano;
- quanti ce ne sono e chi sono i loro leader;
- qual è la loro ideologia e i loro obiettivi;
- se sono stati coinvolti in attacchi precedenti e, se sì, quando e contro chi;
- devi conoscere il loro Modus Operandi.
- come hanno portato a termine eventuali attacchi;
- se possono essere infiltrati;
- se possono essere compromessi;
- se un loro membro o una persona a loro vicina è presente nello staff della persona protetta.

Se vuoi essere un OPAE professionale devi conoscere tutte queste informazioni in modo da poter attuare contromisure adeguate. Se non sai assolutamente nulla di questo gruppo, non ne hai mai sentito parlare, non conosci i loro obiettivi, o metodi di lavoro, allora per il tuo cliente sei completamente inutile.

Ricorda, tutti questi gruppi hanno obiettivi e ideali molto precisi, non sono solo assassini e aggressori casuali. Hanno tutti un'agenda politica. Gli ALF non sono interessati a ricchi uomini d'affari; la colonna 18 non è interessata a medici abortisti o ai produttori di pellicce. Questo è un punto molto importante e che troppo spesso viene sottovalutato, non farlo anche tu.

Una volta raccolte tutte le informazioni richieste, è necessario sapere come utilizzarle Ogni dettaglio deve essere scrupolosamente controllato e ricontrollato, in particolare l'elenco delle potenziali minacce.

La valutazione delle minacce deve essere costantemente

aggiornata al fine di valutare il livello di minaccia durante l'intero incarico. Non puoi contare su ritagli di giornale vecchi di tre anni fa che raccontano le attività di questo gruppo. Aggiornarti non è una possibilità, è un obbligo categorico.

Nel corso degli anni la leadership  del gruppo che stai analizzando potrebbe essere cambiata, così come i loro obiettivi e le loro tattiche. Non abbiamo a che fare con il Partito Conservatore, qui siamo di fronte a gruppi che mutano alla velocità della luce e che sono in continua metamorfosi.

Una volta terminata la valutazione delle minacce, è necessario decidere a quale categoria di minacce si adatta il contratto. Vediamo qualche esempio.

## CATEGORIA A (RISCHIO ALTO)

Questa minaccia è molto reale. Tutta l'enfasi dovrebbe essere posta sul "quando" accadrà e non sul "se" è probabile che ciò accada. Esempio tipico: Salman Rushdie.

## CATEGORIA B (RISCHIO MEDIO)

In casi come questi è plausibile che prima o poi la minaccia si verifichi. Esempio tipico: politici di alto profilo e celebrità famose.

## CATEGORIA C (RISCHIO BASSO)

Chiunque non si trovi nelle prime due categorie deve essere inserito in quest'ultima.

La Categoria C comprende ad esempio tutti i dirigenti aziendali impegnati in missioni di lavoro in paesi politicamente instabili, a meno che non ci siano motivazioni specifiche per inserirli nella Categoria A o B.

## SINTESI DELLE VALUTAZIONI DELLE MINACCE

Una valutazione dettagliata delle minacce è la chiave del successo di tutte le operazioni di protezione Executive VIP. Non voglio raccontarti bugie però: molto spesso sono schede difficili e frustranti da compilare. Non dimenticare mai la parola "complacency", aggiorna sempre regolarmente le tue valutazioni delle minacce anche durante le tue Operazioni, (tempo permettendo).

Consiglio vivamente a qualsiasi OPAE di non intraprendere alcuna missione a meno che non sia stata effettuata una valutazione estremamente dettagliata delle minacce.

Come già detto la base della valutazione della minaccia è il colloquio con il cliente, e questo perché quasi sempre il cliente sa chi potrebbe essergli ostile. Solo in secondo momento passerai alle ricerche online e offline, indagini sulla famiglia e sui soci (se necessario) e altre ricerche pertinenti. La valutazione delle minacce può essere riassunta in tre parole: identificare, valutare, gestire.

## PROFILING

Come già menzionato in precedenza le valutazioni e le considerazioni sul profiling dei potenziali nemici sono molto importanti nella maggior parte delle valutazioni delle minacce. È quindi imperativo avere una conoscenza di base su come realizzare un profilo di qualità del potenziale aggressore, ma anche del tuo VIP, dei suoi famigliari e dei suoi più stretti collaboratori.

# CAPITOLO 4

## LA SCORTA

La definizione di scorta è "persona o gruppo di persone che accompagnano qualcuno allo scopo di proteggerlo". Si tratta di una delle più antiche abilità conosciute dall'uomo, quindi hai a disposizione un sacco di materiale per la ricerca.

Esercitarsi nella pratica della scorta fa parte delle tue principali competenze, i veri dadi e bulloni del bodyguarding. Questa infatti è probabilmente la più utilizzata di tutte le abilità nel settore della protezione, quindi dovresti cercare di affinare quest'arte con tante esercitazioni e pratica sul campo. Inoltre, vantaggio non da poco, è anche un'abilità che può essere praticata senza ricorrere all'ausilio di un'azienda di formazione.

La scorta pedonale può essere allenata in stazioni ferroviarie affollate (soprattutto nelle ore di punta), traghetti, aeroporti, città commerciali e grandi luoghi di ritrovo. Una volta che hai imparato il concetto di escort puoi praticarlo con il tuo coniuge o anche con un amico. Questi sono metodi che io e i membri del mio team utilizziamo regolarmente nelle operazioni sul campo. Sono buoni, pratici, realistici e, soprattutto, funzionano dove conta, ovvero per strada.

L'attività di scorta può essere suddivisa in due tipologie ben precisa: scorta pedonale e scorta veicolare.

In alcuni paesi è vietato portare armi, in altri invece si può farlo se si è autorizzati. Ho sentito molti EPO professionisti affermare che in alcuni dei paesi più "selvaggi", dove è proibito portare armi, sarebbe sciocco non portare con sé un'arma da fuoco, dato che molti cittadini lo fanno. Non sto sostenendo che qualcuno dovrebbe infrangere la legge, questo dipende dal suo giudizio professionale e dalla tua coscienza, ma è qui che i tuoi contatti diventano utili. Infatti soltanto dopo aver avuto informazioni precise sulla realtà locale in cui andrai a lavorare potrai prendere una decisione.

La scorta, armata o non armata, di solito si basa sullo stesso principio.

## Scorta pedonale

La scorta di gran lunga più difficile da effettuare è quella di un singolo operatore che deve seguire un VIP. In questa tipologia di scorta infatti la guardia del corpo non è garantita da un'osservazione a 360 gradi. Il compito principale della scorta è quello di tenere il VIP al sicuro da pericoli e libero da situazioni spiacevoli. Tutti compiti possono essere svolti con successo solo se si hanno buone capacità di osservazione a tutto tondo e buon raggio di fuoco e di difesa.

Per questo ogni guardia del corpo oltre alla singola formazione deve assicurarsi anche che entrambi i suoi archi di osservazione e di difesa si sovrappongano a quelli dei membri della squadra più vicini. Questo garantisce che non ci siano punti ciechi o punti deboli nello scudo difensivo.

Com'è possibile vedere nelle immagini che trovi nelle pagine seguenti il numero 1 è sempre il Team Leader. È la persona che ha il controllo assoluto della squadra e del VIP.

Gli altri membri del team devono essere sufficientemente disciplinati da non parlare inutilmente. Si limitano a trasmettere qualsiasi commento o osservazione attraverso il Team Leader.

In caso di minaccia o attacco solo la guardia o le guardie del corpo più vicine alla minaccia devono intervenire. Il resto della squadra deve formare uno scudo di protezione intorno al VIP e poi procedere al bug-out, assicurandosi che intorno a loro non ci siano ostacoli di nessun tipo.

Il motivo di questo comportamento è molto semplice: il primo attacco può essere solo una tattica di distrazione prima dell'attacco secondario.

Le guardie del corpo che si occupano dell'attacco devono gestirlo nel modo più rapido ed efficiente possibile, senza sceneggiate alla Bruce Lee. Veloci ed efficaci, eccom come bisogna comportarsi in questi casi.

Non è compito tuo iniziare un incontro a dodici round di kickboxing con la minaccia. Il tuo compito è solo quello di renderla inoffensiva, farla arrestare e tornare a quello per cui sei pagato, ovvero proteggere il tuo VIP.

Se fai parte di una scorta composta da sei agenti puoi essere certo che il tuo è un contratto ad alto rischio.

Il motivo è semplice: sei guardie del corpo costano un sacco di soldi, e normalmente la gente non spende tutti questi soldi per proteggere qualcuno da un mitomane che al massimo può tirare un paio di uova marce.

In una situazione del genere se due delle guardie del corpo lasciano la formazione anche solo per pochi istanti, allora il resto della squadra e il VIP vengono automaticamente messi in una posizione vulnerabile. Passiamo adesso ad alcuni esempi pratici grazie a queste immagini che devi studiare e memorizzare.

THREE PERSON          FOUR PERSON

= VIPs          = Bodyguard          = Direction of travel

SINGLE PERSON          TWO PERSON

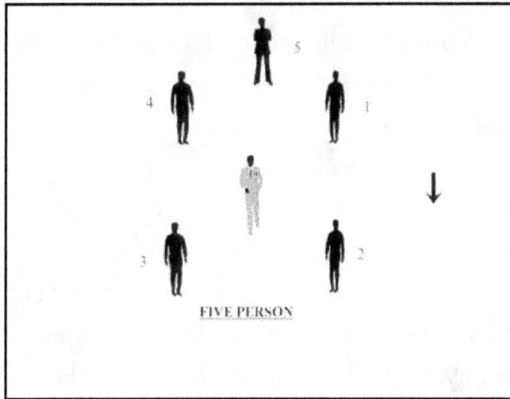

FIVE PERSON

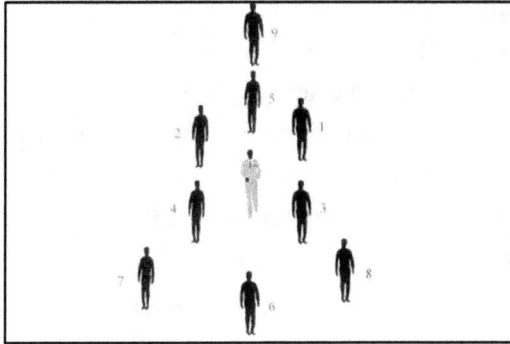

EIGHT PERSON

## ESERCIZIO SCORTA PEDONALE

Ci sono molte abilità che devi padroneggiare prima di essere in grado di far parte di una scorta pedonale VIP. Spesso, ad esempio, una delle ragioni principali per cui un EPT fallisce mentre accompagna un VIP è una cattiva capacità di osservazione. Partiamo quindi da un fatto concreto: la maggior parte delle persone non è molto portata a osservare e, che ci crediate o no, nemmeno la maggior parte degli OPAE (specialmente quelli alle prime armi). Ho insegnato esercizi di escort a diversi studenti in un'ampia varietà di paesi. Tutti avevano diversi livelli di abilità, dal principiante fino alle guardie del corpo presidenziali. Senza ombra di dubbio il 99% di loro condivideva un difetto comune. Quale? Poche skill.

Spesso qualcuno quando insegno agli studenti le tecniche di escort realizziamo un video dell'esercizio. È uno strumento molto utile per poter visualizzare gli errori commessi dagli studenti, e questo perché rendersi conto dei propri errori in una sessione di debfriefing è il modo migliore per fare un upgrade. La maggior parte degli OPAE, ad esempio, tendono ad avere una visione a tunnel nella direzione in cui camminano con i loro VIP e non riescono a coprire visivamente la parte posteriore e i lati della formazione.

Ti do un consiglio, fanne buon uso. La prossima volta che visiti un centro commerciale della tua città, prenditi dieci minuti, siediti in un caffè e rilassati guardando la folla che passa. Osservala attentamente, dopo di che fissa la tua attenzione su alcune delle persone che vedi. Per prima cosa osserva come camminano. Nota quante volte una persona guarda dietro di sé e quante volte guarda in alto o in basso. Vedrai molto presto che succede molto raramente. E sai perché? Perché la maggior parte delle persone si concentra semplicemente sulla direzione in cui si sta muovendo. Successivamente prova immaginare di essere dentro alla mente di un terrorista. Pensa a come attaccheresti una delle persone che stai osservando. Quanto sarebbe facile arrivare a lui prima che se ne accorga. Una volta che ti rendi conto che la maggior parte delle persone non ha una buona capacità di osservazione, puoi iniziare a migliorare anche tu.

## CAPACITÀ DI OSSERVAZIONE DELLA SCORTA

L'osservazione è l'abilità a cui dovrebbe essere data la maggiore enfasi nella formazione, in quanto è probabilmente l'abilità più utilizzata da una guardia del corpo. Qualunque lavoro tu stia facendo nel bodyguarding, avrai sempre bisogno di buone capacità di osservazione. Questa abilità deve essere appresa e praticata con regolarità. Si utilizza l'osservazione in CQB, Paramedics, IED, ECS, Escort, Driving, in pratica in tutto ciò che si fa in questo lavoro.

Torno a darti un consiglio che potrebbe esserti molto utile: i responsabili di sicurezza dei locali notturni di solito possiedono buone capacità di osservazione. È l'unica abilità che usano ininterrottamente durante il loro lavoro. Quando si dispone di buone capacità di osservazione si possono evitare sconti, risse e situazioni spiacevoli anche nella vita quotidiana. Se sei bravo impari a riconoscere i "cattivi" molto prima che loro si accorgano di te.

Moltissime guardie del corpo pensano che la capacità di osservazione sia un dono naturale, e quindi non fanno nulla per migliorarla. Questo è un grave errore perché la maggior parte delle minacce e degli attacchi possono essere evitati invece proprio grazie a una buona capacità di osservazione.

Ricorda che devi sempre sforzarti evitare il confronto diretto con la minaccia, anche perché ormai dovresti aver capito che il confronto diretto è soltanto l'ultima risorsa, quella che sei costretto a utilizzare perché non te ne restano altre. Se sei coinvolti in un confronto diretto, allora hai sicuramente commesso un errore nella fase di preparazione. Per offrire al tuo VIP un scorta capace di garantire un livello professionale di protezione devi allenare regolarmente le tue capacità di osservazione.

## SCORTA DI ALTO PROFILO

Cos'è una scorta di alto profilo? Fondamentalmente, un sacco di "abiti", un sacco di occhiali scuri, un sacco di lavoro radio visibile. A seconda dello scenario operativa e dei livelli di minaccia e rischio, una scorta di alto profilo è di norma molto più facile da realizzare rispetto a un'operazione di basso profilo. Più bodyguard ci sono e più la minaccia sarà scoraggiata. Inoltre, più agenti di protezione ci sono, minore è il carico di lavoro di un OPAE individuale.

Un ottimo motivo per avere una scorta di alto profilo è quello di lanciare un messaggio forte e chiaro a qualsiasi potenziale attaccante: "Non pensarci nemmeno".

Un'altra ragione è la vanità. Molte celebrità infatti amano indossare le loro guardie del corpo come gioielli. Anche molti alti dirigenti aziendali amano circondarsi occasionalmente di guardie del corpo. A volte la ragione di questo comportamento è molto semplice: vogliono esibire uno status symbol, in altre parole stanno cercando di inviare un messaggio al resto del mondo: "Guardate quanto sono ricco, guardatemi tutti, sono importante! Basta guardare la quantità di agenti di protezione che posso permettermi per capirlo".

Molte volte gli agenti delle cosiddette "celebrities" assumono un team di OPAE di alto profilo solo per ottenere la massima pubblicità. E questo perché poche cose catturano l'attenzione del pubblico come una squadra di protezione di sei uomini vestiti di nero. Queste star e i loro agenti sanno che, grazie a queste tattiche, riceveranno una copertura mediatica immediata.

## SCORTA A BASSO PROFILO

Cos'è una scorta di basso profilo? Si tratta di alcuni agenti di protezione VIP che sono travestiti per mischiarsi perfettamente con la gente del posto e che non sembrano essere associati in alcun modo al VIP. Tra di loro e verso di loro devono esserci poche (se non nessuna) attività radio diretta. In casi del genere solo un altro professionista deve essere in grado di notare che il VIP è sotto una scorta.

La maggior parte delle volte sarai impiegato come OPAE a basso profilo. Si tratta di un'operazione molto più difficile di un'operazione di alto profilo come quella descritta in precedenza. Devi confonderti in mezzo alla folla fino a diventare l'ombra invisibile del tuo cliente. Questo significa che devi imparare a travestirti. Per "scomparire" con successo devi vestirti in modo molto simile a quello del tuo VIP. Se è vestito con una tuta grigia allora dovrai indossare lo stesso abito, se è vestito con disinvoltura dovrai farlo anche tu. Di solito più "serio" è il cliente, più basso è il profilo della scorta in generale. Questo perché persone di questo tipo hanno bisogno di protezione semplicemente per andare avanti con la loro vita, gli affari, ecc. Per loro la protezione è una necessità, non un lusso da esibire ai fotografi o ai fan. Lavorare in un contesto di questo tipo è molto più difficile di quanto possa sembrare. Ti assicuro che scomparire come un'ombra richiede una quantità infinita di pratica.

Ti potrebbe succedere anche di dover far parte di una squadra di protezione esterna con il ruolo di agente di contro-sorveglianza. Anche in questo caso, se ci si allontana dal resto del gruppo, l'operazione potrebbe risultare compromessa.

Prova a fare un piccolo esercizio domestico che potrebbe esserti molto utile: ogni volta che guardi la Tv e noti un personaggio di alto profilo che ha un ruolo pubblico o istituzionale, cerca di identificare gli OPAE che inevitabilmente la circondano. Ti posso assicurare che a volte è molto difficile, e sai perché? Perché stanno facendo un ottimo lavoro. Parlo di personaggi come il Presidente Mattarella, Papa Benedetto XVI, Angela Merkel o il Principe Carlo d'Inghilterra. Di solito sono persone abbastanza vicine al VIP ma che non guardano il VIP: i loro occhi sono altrove, stanno scrutando la folla.

Ti do un consiglio per identificarli meglio: cerca un distintivo o un spilla colorata. Di solito infatti si tratta di un mezzo usato dall'OPAE per farsi riconoscere dalle altre squadre di professionisti, oltre a essere un sistema per garantire la sicurezza interna in caso di disordini.

## ACCOMPAGNATORE VIP VEICOLO

Il tuo VIP è più a rischio mentre viene scortato dal suo EPO o EPT, e uno dei momenti più vulnerabili è quando viene scortato al suo veicolo.

Per rinfrescarti la memoria, pensa al tentato assassinio del presidente Ronald Reagan, (se non ricordi con questo incidente allora dovresti studiarlo, consideralo uno dei tuoi "compiti per casa").

Il Presidente Reagan infatti stava per entrare nella sua auto quando un membro della folla ha aperto il fuoco contro di lui e contro la sua scorta.

Si dibatte molto sulla gestione del veicolo escort, dato che esistono molti metodi diversi per portare a termine questo compito nel migliore dei modi. Il mio consiglio, come sempre, è quello di adottare prima un sistema che ti si addica e poi di modificarlo in base alla tua esperienza personale.

Ovunque tu vada, ti sentirai dire che esiste un metodo migliore, che devi fare in un altro modo, che sbagli... non preoccuparti, succede sempre così.

Io stesso ho partecipato a molte varianti di questo metodo dato che l'agguato veicolare è una delle forme di attacco più usate su un VIP.

Proprio per questo motivo la scorta veicolare è un'abilità che deve essere molto ben praticata.

Come al solito di do un consiglio: studia con attenzione il caso del rapimento e dell'omicidio dell'on. Aldo Moro, documentanti sul tentativo di omicidio del Presidente De Gaulle (è il caso che viene mostrato all'inizio del film "Il giorno dello sciacallo"). Si tratta infatti di due dei più celebri esempi di incidenti verificatisi un'operazione di scorta veicolare.

Non sottovalutare mai questo aspetto perché la scorta veicolare è un'abilità molto difficile da perfezionare.

Chiunque pensi che sia facile non ha mai provato a controllare una scorta di tre auto attraverso un centro città affollato. È un incubo.

Non è semplice trovare una definizione univoca per il metodo "escort" in quanto ci possono essere numerose variazioni: veicolo singolo, doppio, triplo, scorta di moto e così via.

Partendo da questi presupposti ti descriverò un veicolo VIP con due veicoli di scorta per le guardie del corpo.

Innanzitutto va detto che il numero delle guardie del corpo corrisponde al livello di minaccia della scorta.

Ecco i livelli di rischio:

- Guardia del corpo a basso rischio.
- Guardie del corpo a basso rischio.
- Guardie del corpo a basso o medio rischio.
- Guardie del corpo a rischio medio-alto.
- Guardie del corpo ad alto rischio.

Qualsiasi formazione che vada oltre il numero di sei operatori diventa estremamente rischiosa. Di solito comporta l'utilizzo di squadre di sicurezza avanzata (A.S.S.T.).

Il metodo corretto per un convoglio a tre veicoli prevede che la macchina centrale contenga il VIP che si siede sempre nella parte posteriore.

## CONVOGLIO DI TRE AUTOMEZZI

Se la strada è abbastanza larga, condurre e seguire i veicoli in fila indiana.

Ci si deve alternare da un lato all'altro per evitare che altri veicoli possano entrare nel convoglio.

Prima di intraprendere qualsiasi operazione di servizio di protezione VIP che coinvolga una scorta di veicoli, è essenziale che ogni OPAE del team, senza eccezioni, sia addestrato a un alto livello nelle tecniche di guida difensiva.

Ogni OPAE deve inoltre essere a conoscenza dei requisiti di sicurezza di base necessari per mantenere il veicolo libero da interferenze esterne.

# LISTA DI CONTROLLO PER SCORTE VEICOLARI

a) Veicolo proprio o del cliente

- Le targhe personalizzate devono essere evitate a tutti i costi.

- Tenere sempre le auto chiuse e parcheggiate in un garage chiuso a chiave.

- Le auto devono essere dotate di serrature sia sul cofano che sui serbatoi della benzina.

- La vettura deve essere dotata di chiusura centralizzata e motore ad alte prestazioni.

- Fare in modo che un grande serbatoio della benzina sia sempre almeno mezzo pieno.

- Non utilizzare sempre la stessa stazione di servizio.

- Portare sempre un estintore, una torcia, un kit di pronto soccorso, razzi e granate antifumo dove potete raggiungerli facilmente. Tenere un set di riserva in una scatola per le occasioni in cui si guida l'auto del cliente.

- Installare un riflettore per gli aggressori .

- Utilizzare radiali a nastro d'acciaio.

- Considerare la protezione contro gli attacchi, cioè vetri blindati, schermi per i fari, allarmi di manomissione, ecc.

- Lasciare solo la chiave di accensione sul portachiavi.

- Ricoprire tutti i cavi del motore con un nastro isolante distintivo (in modo da poter vedere se sono stati manomessi).

- Mantenere il veicolo molto lucido (sembra buono, e si può vedere se è stato toccato).

- Prima di entrare, controllare l'auto per verificare la presenza di segni di ingresso o manomissione.

- Non lasciare che nessuno tocchi il veicolo durante la fase di ricerca iniziale.

- Prima di avvicinarsi a un'auto, devi percorrere l'intera area e controllare sotto per assicurarti che nessun aggressore si nasconda e che nessun pacco sia stato lasciato. (Se per caso noti un pacco non toccarlo né rimuoverlo: lascialo dov'era e chiama le autorità).

- Controllare che lo scarico non sia bloccato con un D.E.D.I.

- Utilizzare la carta di credito per controllare con attenzione porte, finestre, coperchi motore e bagagliaio.

b) I passeggeri

- Il Team Leader deve dedicare del tempo per istruire o addestrare il VIP sulla sicurezza di base del veicolo.

- Rifugi sicuri devono essere segnalati dal dirigente e dalla famiglia lungo vari percorsi da e per l'ufficio, club, attività ricreative ed eventi sociali.

- Dirigenti e famiglie dovrebbero sempre variare le rotte per evitare modelli di comportamento prevedibili.

- Le informazioni devono essere fornite in base alla necessità di conoscere gli orari di arrivo, ecc.

- La discussione sui piani di viaggio deve essere ridotta al minimo.

- Se si prende un aereo il VIP deve partire con un'ora di anticipo o all'ultimo minuto.

- Se il VIP ha un autista usalo, ma controllalo.

- Utilizzare un segnale prestabilito per il VIP per avvisarlo del pericolo, informare anche l'autista.

- Se l'autista è in ritardo o assente, il VIP non deve entrare in auto per aspettarlo.

- Se l'autista è in ritardo, non ritardare la partenza, ma utilizzare un autista sostituto e un percorso diverso. Il ritardo potrebbe essere uno stratagemma per organizzare un'imboscata.

- Se il VIP sospettasse un problema durante il tragitto verso l'auto, dovrebbe fingere una distrazione e tornare alla base.

- Esaminare attentamente qualsiasi nuovo driver, soprattutto se temporaneo.

- Se il VIP utilizza un sistema car pooling cambia veicolo regolarmente.

c) Tecniche di guida

- Controlla frequentemente gli specchietti retrovisori.

- Verifica la zona posteriore ruotando il blocco o invertendo la direzione di marcia.

- Fai attenzione alle attività insolite o se non c'è calma piatta in una zona in cui di solito invece c'è confusione.

- Utilizza la corsia più vicina al centro della strada in modo da avere sempre più opzioni in caso di pericolo.

- Guida sempre con porte e finestre bloccate per evitare che possano gettare dentro all'auto degli elementi esterni.

- Non aiutare gli escursionisti in autostop o gli automobilisti disabili.

- Quando si lavora fino a tardi inaspettatamente da soli, contattare la persona responsabile con il proprio E.T.A.

- Se ti capita di lavorare fino a tardi e sei da solo e la cosa non era preventivata, contatta la persona responsabile con il proprio E.T.A.

- Mantieni molto alta l'attenzione ai semafori e ai segnali

di arresto, si tratta sempre di zone ad alto rischio.

- Annota la targa dei veicoli che ti sembra vi stiano seguendo.

- Informare il conducente del percorso solo dopo l'avvio dell'automobile.

- Non parlare in auto con autoradio o telefoni a meno che non si utilizzi uno scrambler.

# CAPITOLO 5

## COSA SI ASPETTA UN CLIENTE VIP

Cosa si aspetta esattamente un VIP dal suo team di protezione?

Anche se le aspettative variano da cliente a cliente, i due principi fondamentali come già sai sono: essere protetti da un pericolo fisico ed essere protetti da situazioni spiacevoli di vario tipo. Molti altri motivi sono in realtà semplici derivazioni di questi due principi fondamentali.

Al fine di comprendere appieno ciò che un VIP si aspetta dal suo team di protezione, in primo luogo dobbiamo iniziare a capire il VIP facendo alcune domande: perché si trova in quel posto e in quella posizione, per sua scelta o su richiesta dei suoi superiori? Vorrebbe davvero essere dove si trova? Quali sono le sue intenzioni?

La prima cosa da capire è che il 99% dei VIP sono solo persone comuni, persone che non hanno assolutamente alcuna consapevolezza di quanto sia violento e pericoloso il nostro pianeta. La maggior parte di loro pensa che il resto del mondo sia sicuro come il piccolo angolo di paradiso in cui vivono abitualmente. Niente di più lontano dalla verità. Ogni volta che la maggior parte dei VIP viaggia all'estero non è quasi mai psicologicamente o fisicamente preparata ad affrontare la realtà. Questo vale per tutti i VIP, anche persone in visita o uomini d'affari in importanti missioni commerciali. La mia esperienza mi dice che tutti i VIP possono esseri divisi in due macro tipologie:

1. Quelli che restano assolutamente sciocatti e sbalorditi da ciò in cui si sono imbattuti.
2. Quelli che pensano di sapere tutto e giocano a fare i duri di fronte ai problemi.

I primi sono di gran lunga i clienti più facili da proteggere perché generalmente ascoltano e mettono in pratica tutti i suggerimenti e le istruzioni della guardia del corpo. Diciamo che rispettano la guardia del corpo e capiscono che in questo settore specifico si tratta di una professionista che che molta più esperienza di loro.

Il secondo gruppo tende invece a rendere la vita difficile al suo team di protezione: sembra quasi che facciano di tutto per attirare l'attenzione su di loro e sul team di protezione, attenzione che, come puoi immaginare, è molto negativa.

Un VIP di solito si trova all'estero per condurre affari di vario tipo. Se non è protetto non sarà in grado di condurre il suo lavoro al meglio delle sue capacità, e questo per un insieme di molte concause. In primo luogo si trova in un terreno a lui sconosciuto (potrebbe non parlare la lingua, probabilmente non avrà una buona comprensione delle culture locali, delle leggi, ecc.). Potrebbe anche non conoscere nessuno in quella particolare parte del mondo. L'accumulazione di queste problematiche può creare scompiglio nella mente di un VIP. Inoltre, se il Paese in cui si trova fa parte di quello che un tempo veniva definito "Terzo Mondo", o se si tratta di un Paese politicamente instabile, allora il VIP vivrà anche con il timore costante di essere attaccato da elementi criminali, sensazione che potrebbe procurargli ansia e paranoia.

Affinché un VIP possa svolgere il suo lavoro al meglio, il suo cervello deve essere tenuto libero da tutti questi problemi. L'unico modo per raggiungere questo obiettivo è l'impiego di operatori di protezione professionali, il che offre al VIP la tranquillità che a sua volta gli consente di concentrarsi maggiormente sui suoi compiti.

Se un'azienda invia un suo rappresentante dall'altra parte del mondo per negoziare un accordo, è difficile che riesca a ottenere il meglio dal suo uomo se il tizio in questione è seduto da solo nella sua stanza d'albergo preoccupato per la sua sicurezza. Il pensiero principale nella mente di un VIP in una situazione come questa è semplicemente quello di firmare l'accordo il più velocemente possibile per poter tornare a casa in sicurezza.

Allora, cosa vuole un VIP dai suoi agenti di protezione? Il VIP cerca tutto quello che possa offrirgli la massima tranquillità. In primo luogo ha bisogno di OPAE professionali che pongono sempre l'elusione in cima alla loro lista di priorità. I gorilla aggressivi che considerano il confronto fisico come la soluzione definitiva a tutto sono l'ultima cosa di cui un VIP ha bisogno.

Ha bisogno di qualcuno abbastanza professionale da avere contatti utili nel paese in cui si trova, qualcuno che abbia almeno una conoscenza di base della lingua locale, che abbia competenze paramediche di base e tutte quelle competenze professionali tipiche della guardia del corpo. Soprattutto, deve avere la fiducia che gli deriva dal sapere che, nel caso in cui si dovesse verificare una potenziale minaccia, il suo responsabile esecutivo della protezione o il suo team potranno garantirgli la massima sicurezza.

La cosa principale da ricordare è che un VIP di solito non ha le competenze, la disciplina, le conoscenze o le capacità di un EPO professionale. Quindi è compito del team leader dell'EPT educare il VIP in ogni occasione. Del resto è inutile avere il miglior team di protezione che si prende cura di un VIP se il cliente non ha alcuna conoscenza di cosa aspettarsi dalla sua squadra. Vale lo stesso discorso anche per il team di protezione: devono avere la certezza che, se le cose si metteranno male, il VIP farà esattamente quello che ci si aspetterà da lui. Se non lo farà non solo metterà in pericolo se stesso, ma anche la squadra che lo sta proteggendo.

L'educazione del tuo VIP dipenderà da tre cose:
1. La personalità del VIP.
2. La posizione del VIP.
3. Il livello di minaccia del VIP.

La percezione della maggior parte delle persone dell'importanza e del valore monetario effettivo di un VIP occidentale è troppo bassa. Per darvi un'idea di quanto sia ricco un VIP per la popolazione che vive nella maggior parte dei paesi in via di sviluppo è necessario fare una serie di confronti.

In circa un quinto del territorio mondiale, i lavoratori più qualificati in un anno intero guadagnano meno di quanto guadagna in una settimana un operaio di un'azienda automobilistica britannica o americana. Fondamentalmente questo significa che in molte località gli occidentali che svolgono una qualsiasi professione sono considerati veri e propri milionari.

Una volta che si ha ben chiara questa condizione lo step successivo è quello di pensare ai veri ricchi, i VIP che probabilmente guadagnano davvero cifre molto elevate, di sicuro molto di più di un operaio d'auto. Chiaro che in questo caso la minaccia aumenta in maniera esponenziale.

Nelle pagine precedenti ho parlato di un ipotetico uomo d'affari che è costretto a viaggiare dall'altra parte del mondo per lavoro. Il suo viaggio sarebbe dovuto durare due settimane, una settimana più tardi sarebbero dovuti arrivare altri tre clienti. Il mio compito era quello di stare accanto a quest'uomo per il periodo due settimane dato che si trovava in un'area ad altissimo rischio.

Per questo motivo ho deciso di trascorrere il primo giorno della nostra "convivenza" mostrandogli esattamente tutto quello che sarebbe potuto succedere e, particolare di non poco conto, quali erano le capacità del suo team di protezione.

# CAPITOLO 6

## ABBIGLIAMENTO
## E ATTREZZATURE PERSONALI

Un artigiano non può lavorare senza strumenti efficaci, e questo a prescindere dal campo in cui opera. Un responsabile esecutivo della protezione (UEB) non fa eccezione. La differenza è che il kit di strumenti di un Executive Protection Officer è costituito da attrezzature che costano diverse migliaia di euro.

Purtroppo per il responsabile esecutivo della protezione la tecnologia evolve alla velocità della luce. Le apparecchiature elettroniche di contro sorveglianza, ad esempio, possono diventare obsolete dall'oggi al domani. Anche le armi da fuoco e le attrezzature ausiliarie vengono regolarmente migliorate e di conseguenza devono essere aggiornate in continuazione.

È importante ricordare che molte delle tue attrezzature hanno una vita limitata per quanto riguarda la loro effettiva utilità. Oggetti come giubbotti balistici o antiproiettile, pistole e componentistica varia devono essere aggiornati regolarmente. La tua vita, la vita del tuo VIP e dei membri del team potrebbe dipendere da questi particolari.

Cerca di non perdere di vista il fatto che sei prima di tutto un OPAE, non un'unità di contro sorveglianza elettronica formata da un solo uomo, e neppure un fornitore di munizioni. Un altro punto da ricordare è che non importa che kit o attrezzatura deciderai di acquistare, il comfort deve essere sempre in cima alla tua lista delle priorità. Non utilizzare o indossare attrezzature scomode, non importa se sono le più rinomate o le più costose. Molte persone credono che avere il kit giusto ti faccia diventare automaticamente un buon Executive Protection Officer. Altri credono che sia la formazione a rende un Executive Protection Officer un buon professionista. Personalmente credo che solo quando si combinano queste due cose si possa diventare un Executive Protection Officer efficace.

Tutti quelli con cui parli avranno le loro idee sul kit personale da utilizzare. In ultima analisi, il fattore principale del tuo kit sarà il tuo budget, quindi è inutile perdere troppo tempo in discorsi astratti. Una cosa è certa: fare il Professional Executive VIP Protection Officer non è un lavoro economico dal punto di vista delle attrezzature, soprattutto se si vuole arrivare al top. Dimentica i film di James Bond e cerca di essere realistico, concentrati su quello che alla fine ti è più pratico. È essenziale che il tuo kit sia abbastanza compatto da poter essere trasportato facilmente e rapidamente. Non va bene andare a lavoro e presentarsi in aeroporto con così così tanti bagagli da aver bisogno di un muletto per trasportarli. Quindi inizia con le basi e compra gli altri oggetti man mano che procedi con la tua carriera..

Un buon metodo è quello di investire costantemente una

percentuale di quello che guadagni in un fondo da dedicare all'implementazione del tuo kit professionale. Ricorda che l'obiettivo di questi strumenti è quello di rendere il tuo lavoro più facile.

## ABBIGLIAMENTO

Porta sempre con te almeno tre abiti completi di buona fattura, grigi e neri. Quando parlo di "buona fattura" intendo un abito fatto da un sarto e non un completo dozzinale acquistato in offerta in un centro commerciale. Minimo dieci camicie, bianche o azzurre a seconda dei vari abbinamenti.

Per quanto riguarda le cravatte meglio se scure e con fantasie minime, potrebbero andar bene anche le cravatte che si strappano via come quelle che indossano ora i poliziotti.

Due o tre paia di scarpe eleganti con suola in gomma (non dimenticare che la scelta della scarpa è molto importante visto che passerai molte ore in piedi).

Questo è tutto ciò di cui avrai bisogno per iniziare come EPO di base, perché la maggior parte di chi comincia questo lavoro di solito inizia la sua carriera con incarichi di scorta pedonale di base, o con un contratto di sicurezza in un'abitazione. Se questo è tuo il caso, allora devi apparire ben vestiti e ben curato. Non devi dare nell'occhio.

Cerca di essere realistico e di non perdere tempo con attrezzature non essenziali, le acquisterai quando ne avrai bisogno. Resta concentrato: "Mission Specific".

## L'IMPORTANZA DI UNA BUONA IMMAGINE

Sono passati i tempi in cui un Executive Protection Officers, uomo o donna, aveva bisogno di un solo abito scuro, una camicia bianca, una cravatta e un paio di scarpe.

I moderni Executive Protection Officers devono essere inappuntabili nella presentazione e nell'immagine personale come lo sono nelle loro capacità di formazione professionale. Come vedrai nelle prossime righe quello di sapersi presentare con un'immagine corretta è un argomento complesso e che comprende molti punti diversi.

Tuttavia, poiché si tratta solo di una panoramica generale, in primo luogo ti ricorderò tre punti vitali per un Executive Protection Officer professionale:

1. Il tuo codice di abbigliamento quotidiano deve essere complementare a quello del tuo VIP.

2. Devi utilizzare abiti comodi che ti permettano anche di indossare in fretta e senza problemi l'attrezzatura di lavoro (armi da fuoco, manette, ecc.).

3. Devi avere abiti che si possono trasportare senza problemi.

## COMPILA IL TUO GUARDAROBA

1. Abiti

Non appena te lo potrai permettere, dovresti investire in almeno tre abiti diversi e un paio di giacche smart. Uno dei tuoi abiti dovrebbe essere blu navy, uno grigio antracite e uno gessato chiaro.

2. Giacche

Un blazer nero o navy blazer è il tipo di giacca più utile. In questo modo sarai a posto per tutte le occasioni in cui il classico abito potrebbe risultare troppo formale.

3. Camicie

Hai bisogno di una discreta varietà di camicie, meglio se in un mix di cotone o in puro cotone, purché siano semplici da stirare. Fatti consigliare i colori e la forma del collo più adatti alla tua figura. Per quanto riguarda le camicie voglio darti un consiglio: assicurati che chiunque le stiri utilizzi molto amido sui colletti e sulla parte anteriore delle camicie. Non solo una camicia inamidata ha un aspetto più professionale, ma l'amido aiuta a respingere lo sporco.

4. Cravatte

Una cravatta dice molto della tua personalità. Per questo è fondamentale iniziare con cravatte di seta di buona qualità. Non devo certo ricordarti io poi che noi italiani sono famosi per le migliori cravatte fatte a mano nel mondo, così come per la moda in generale.

5. Scarpe

Anche le scarpe, come le cravatte, raccontano molto di te. Per un Executive Protection Officers è meglio avere due o tre paia di scarpe in pelle, possibilmente con i lacci. La pelle di vitello è una scelta migliore del camoscio. I colori più accettabili sono il nero e il bordeaux. Inutile dire che le scarpe devono essere sempre pulite e ben lucidate.

6. Calze

Le calze devono essere di lana, cotone o lana misto seta. Dovresti usare solo colori neutri scuri ed eleganti come il nero, il blu navy o il carbone. Non indossare mai calze bianche con abiti da lavoro. Per quanto riguarda la lunghezza l'ideale è utilizzare calze di lunghezza media o al ginocchio. Evita calze basse che mostrano le gambe nude quando ti siedi, non sarebbe il massimo dell'eleganza!

7. Cinture e bretelle

Come Executive Protection Officer i tuoi pantaloni devono avere un passante da cintura di almeno quattro o cinque centimetri, così eviterai di deformare la cintura. Una cintura a doppia chiusura in velcro facilita il montaggio e la rimozione di eventuali armi, caricatori e attrezzature ausiliarie.

8. Trench coat/Overcoat

I cappotti tendono a essere troppo ingombranti, il che a sua volta limita la tua possibilità di estrarre armi da fuoco e altre attrezzature ausiliarie. I trench sono molto più versatili e per questo sono preferiti dalla maggior parte degli Executive Protection Officers. Se possibile scegline uno di colore neutro e impermeabile. Ovviamente avrai bisogno di un cappotto se lavori in paesi molto freddi come ad esempio alcune zone dell'ex Unione Sovietica.

9. Accessori

È fondamentale ridurre al minimo gli accessori. Ovviamente nei paesi freddi avrai bisogno dei guanti, ma questi non devono essere così ingombranti da diventare poi un ostacolo.

## CURA DELLA PERSONA

In qualità di Executive Protection Officer, la cura della tua persona deve essere in cima alla lista delle tue priorità. Essere curati, puliti e presentabili dimostra disciplina, orgoglio per il proprio aspetto e il rispetto per le persone con cui si lavora.

## 1. Corpo

Il sudore è il tuo nemico numero uno. La sudorazione è causata dal calore corporeo. Quando si lavora come Executive Protection Officer si è spesso sotto pressione e quindi più nervosi del solito. Se lavori in Paesi lontani dal punto di vista della cultura rispetto al tuo paese di origine, scoprirai che alcuni alimenti possono scatenare le ghiandole sudoripare. Scegli deodoranti non profumati e sapone deodorante e, soprattutto, usali regolarmente. Bagno o doccia almeno una volta al giorno. Cambia ogni giorno la biancheria intima, compreso il gilet (va indossato sempre sotto il body armour) per evitare odori spiacevoli dovuti al sudore. Utilizza dopobarba, acqua di colonia o profumo con parsimonia, scegliendo solo fragranze fresche estremamente leggere. Evita più che puoi profumi pesanti.

## 2. Viso

Quando si incontra una persona per la prima volta mediamente si impiegano cinque secondi per farsi un'idea di chi si ha davanti. È importante quindi cercare di avere sempre un aspetto ordinato e rassicurante. Per questo motivo evitate baffi e barba, un operatore col viso pulito e rasato avrà sempre un aspetto più professionale. Per questo il personale operativo maschile deve radersi due volte al giorno, se possibile. Le sopracciglia dovrebbero essere curate per evitare di dare l'impressione di avere quello che scherzosamente viene definito "monociglio". Fai attenzione anche ai peli che fuoriescono dalle narici e dalle orecchie, sono decisamente antiestetici.

Lavati i denti dopo ogni pasto (ameno tre volte al giorno), e non dimenticare di fare regolarmente la pulizia dentale presso uno studio dentistico. Ti consiglio di portare con te uno spray per l'alito, potrebbe rivelarsi molto utile se sei costretto a mangiare cibi molto speziati.

### 3. Mani

La maggior parte delle persone sarebbe sorpresa se sapesse quante volte le loro mani vengono guardate e notate dagli altri. Inutile dire che, anche per quanto riguarda le mani, è importante essere sempre in ordine. Le unghie devono essere pulite e tagliate. Puoi affidarti anche ai servizi di una manicure per avere sempre mani e unghie curate a dovere. Assolutamente vietato mangiarsi le unghie e, se fumi, cerca di rimuovere le macchie di nicotina che non sono sicuramente un bello spettacolo.

### 4. Capelli

Lavati i capelli quotidianamente utilizzando uno shampoo per lavaggi frequenti. Se soffri di forfora utilizza uno shampoo medico ed evita i gel per capelli grassi. Fai particolare attenzione alla dieta, soprattutto durante i cambi di stagione, perché potrebbe influire molto anche sulla forfora. Taglio e acconciatura devono essere seri e professionali. Eventuali mousse, gel e spray vanno bene soltanto se usati nel giusto contesto. Non dimenticare che i tuoi capelli sono progettati per muoversi, quindi non esagerare.

### 5. Immagine di successo

È molto semplice capire se hai raggiunto un'immagine perfetta, sarà la gente stessa a dirtelo. Quando inizierai a ricevere più complimenti del solito capirai che hai svolto bene il tuo compito. Anche i tuoi compagni di squadra commenteranno i tuoi miglioramenti, puoi starne certo. L'indicatore più importante però resti tu: ti sentirai meglio, sarai più sicuro di te. Non ci credi? Facciamo una prova: chiedi a un tuo collega di fare una critica ragionata della tua immagine, probabilmente resterai sorpreso dalle sue parole.

6. La tua immagine vocale

La voce ha un valore del 40% per quanto riguarda la prima impressione che facciamo alle persone. Una buona voce fa nascere nell'interlocutore una sensazione naturale di rispetto, migliora la tua immagine e cattura l'attenzione delle persone con cui stai parlando. Potresti registrarti e poi riascoltarti (attenzione però, quando si ascolta la propria voce registrata la prima impressione è sempre terribile!). Potrebbe essere utile fare un po' di allenamento, magari con un vocal coach (potresti ricevere qualche consiglio molto utile).

7. I meeting

Il concetto di "meeting" in questo lavoro è molto esteso, dato che con questo termine vengono compresi di solito i pranzi d'affari, i briefing pre-operazione, i debriefing post-operazione e le riunioni di collegamento in materia di sicurezza.

Indipendentemente dal tipo di meeting in cui ti trovi devi comunque mantenere un'immagine professionale nei confronti dei tuoi colleghi, dei tuoi superiori e, se dovesse essere presente, anche del tuo VIP. Potresti non renderti conto che il modo in cui ti comporti durante le riunioni rivela molte cose sul tuo potenziale. Attitudini come la leadership, la comunicazione, la presenza e le abilità interpersonali infatti emergono spesso in occasioni di questo tipo. Chi partecipa a un incontro si farà un'opinione su di te in base a come ti comporti durante il meeting, quindi è fondamentale avere sempre un'immagine professionale. Potrebbe essere molto utile frequentare un corso di body language prima di partecipare a riunioni di qualsiasi tipo.

## 8. Presentarsi

Il modo migliore per esercitarsi a presentarsi in maniera corretta è quello di provare a mettere in pratica queste informazioni. Per farlo, visto che non puoi ancora definirti un professionista, puoi iniziare offrendo di presenziare a eventi di vario tipo, naturalmente a titolo gratuito. In questo modo avrai l'opportunità di capire cosa significhi stare in piedi di fronte a un pubblico di sconosciuti, potrai studiarli e contemporaneamente potrai studiare le tue reazioni.

Presentarsi correttamente è un'arte che, come tutte le arti, si apprende e si affina soltanto con l'esercizio. Tutto quello di cui ti ho parlato finora ti sarà molto utile, ma per avere davvero il controllo della situazione devi studiare a fondo come si muovono le persone intorno a te, la disposizione degli oggetti e in generale l'ambiente in cui ti trovi, l'illuminazione e ogni dettaglio del luogo in cui ti trovi.

## BODY ARMOUR

Il body armour è stato inventato nel 1971 da Du Pont™. Le statistiche dell'FBI evidenziano come il body armour abbia salvato oltre 1.350 ufficiali da morte o lesioni gravi durante attacchi potenzialmente mortali. Nel 1990, oltre 135 ufficiali sono sopravvissuti grazie a un body armour morbido. I dati dell'FBI indicano anche che nell'ultimo decennio 282 ufficiali non sarebbero stati uccisi se avessero utilizzato un body armour.

## KEVLAR

Il Kevlar di seconda generazione è più resistente, più leggero e più flessibile dell'originale. Quando vengono colpitie le fibre assorbono e trasferiscono l'energia d'impatto del proiettile alle altre fibre della trama, riducendo così l'impatto e lo shock per chi riceve il colpo.

## GILET PROTETTIVO

Leggero e ultra sottile, è stato progettato per resistere alle munizioni delle più recenti pistole ad alta velocità. Anche negli angoli più difficili infatti le pallottole vengono fermate da migliaia di fibre unidirezionali tenute in posizione dalle resine e inserite tra le pellicole di polietilene.

Prima di passare al paragrafo successivo lascia che ti dia un consiglio che, ti assicuro, non è affatto scontato: non importa quanto buona è l'attrezzatura che utilizzi per proteggerti, se non la indossi non ti salverà la vita.

# MEDICAL BAG

Per prima cosa chiariamo un concetto fondamentale: all'interno di ogni auto deve essere presente un kit di pronto soccorso completo, altrimenti detto medical bag. Ricordati in ogni caso di controllare sempre la data di scadenza di ogni farmaco prima di portarlo con te. Le temperature troppo calde o troppo fredde possono accorciare la vita di un farmaco (ad esempio un siero antivipera resiste pochi mesi fuori dal frigorifero, mentre alcuni farmaci col calore si sciolgono).

Il kit di pronto soccorso deve essere leggero e maneggevole. Non dimenticare che non esiste un contenuto standard per una medical bag, devi sempre tenere conto delle peculiarità della zona in cui ti trovi. Quando si viaggia con un mezzo proprio è sempre preferibile comunque caricare un kit di pronto soccorso completo. Se ti sposti a piedi e quindi con uno zaino, allora scegli una medical bag basilare, meglio se contenuta all'interno di una valigetta impermeabile.

Un kit di pronto soccorso comprende:
- Laccio emostatico-Tourniquette (ogni CPO dovrebbe averne sempre uno con sé)
- Cerotti di varie forme e dimensione
- Bende e garze
- Bisturi, ago e filo (sterili)
- Pinze, forbici
- Siringhe sterili monouso
- Cotone idrofilo
- Collirio
- Decongestionante per l'orecchio
- Aspirina
- Pastiglie per il mal di mare o d'auto
- Pastiglie antiallergiche
- Pillole di destrosio
- Cortisone
- Compresse polivitaminiche
- Mercurocromo (per disinfettare e pulire le ferite, può essere usato anche come cicatrizzante per piccole ferite, ustioni o abrasioni)
- Tintura di iodio (antisettico per uso esterno, utile anche per disinfettare acque di superficie. In questo caso bastano 3 gocce per litro, va lasciato per 30 minuti nell'acqua prima che faccia effetto. Utile anche in caso di contaminazione leggera da radioattività)
- Spray protettivo per medicare ferite, lesioni e piaghe

- Ghiaccio istantaneo
- Pomate (per distorsioni, ustioni e contusioni)
- Antidolorifici e antinfiammatori
- Antimicotici (per lieviti ed ife)
- Sedativi, antidolorifici e analettici cardio respiratori
- Analgesici (per diminuire il dolore)
- Antipiretici (per abbassare la febbre)
- Paracetamolo (azione analgesica e antipiretica)
- Antibiotici a largo spettro
- Antibiotici per infezioni intestinali e antiputrefattivi
- Antispastici (per malattie o sindromi dell'apparato gastro-enterico)
- Antistaminici (per le manifestazioni allergiche)
- Sciroppo
- Spray o compresse mal di gola
- Sieri (es. antivipera)
- Succhiaveleno
- Gel per le mani all'amuchina
- Alcol denaturato
- Ammoniaca
- Spazzolino e dentifricio
- Filo interdentale
- Termometro
- Misuratore pressione
- Defibrillatore portatile
- Boccaglio per respirazione bocca a bocca
- Burro cacao
- Crema protettiva SPF 50+ in caso di UV intensi

## VACCINAZIONI

Prima di andare all'estero telefonare all'ASL o a un ospedale per sapere quali vaccini sono obbligatori. Ad esempio se vai in alcune zone del continente africano devi fare la profilassi anti-malaria o il vaccino per la febbre gialla, per la febbre tifoide o epatite, e così via...

## KIT MEDICO PER LESIONI GRAVI (P.I.K.)

Qual è la prima regola? Evitare i problemi, se possibile. Ma a volte non puoi evitare i problemi, puoi soltanto rimediare. Se il tuo VIP sanguina a morte e tu non hai un kit di pronto soccorso allora il tuo VIP è un uomo morto.

Il normale kit di pronto soccorso, che le persone tengono in auto o a casa, non ti sarà di grande aiuto dopo un attacco grave, quindi è necessario assemblare un kit paramedico che possa essere utile anche in caso di lesioni gravi. Questo kit può essere conservato in un classico trolley come quelli che porti con te quando viaggi in aereo, ma ricorda che devi conoscere esattamente dove si trova ogni singolo elemento del tuo kit in modo da non sprecare nemmeno un secondo quando sarai costretto a utilizzarlo. Un kit medico per lesioni gravi deve contenere:

1. Cuscinetti di medicazione per ferite a grandezza naturale.

Nel caso di ferite che sanguinano copiosamente fungono da cuscinetto a pressione. Questo è l'elemento più importante che dovresti sempre portare con te, possibilmente in tasca.

2. Fascia di supporto a banda larga.

Questo significa che si dovrebbe portare sempre almeno una striscia di 0,5 metri di lunghezza. È utile per attenuare l'effetto delle distorsioni, tenere in posizione una medicazione della ferita e persino come dispositivo di ritenuta.

3. Laccio emostatico.

Si potrebbe pensare che la cravatta o la cintura possano essere usati anche come un laccio emostatico, ma ti posso assicurare che certe cose funzionano soltanto nei film. Un laccio emostatico è progettato per svolgere una funzione precisa e funziona meglio di qualsiasi altro succedaneo. Inoltre si applica in maniera facile e veloce (non dimenticare di annotare l'ora in cui lo hai applicato così da poterlo allentare a intervalli regolari).

4. Bende triangolari.

Le bende di questo tipo possono essere utilizzate come imbracatura multiuso, come fasciatura e anche come immobilizzatori di fratture. Possono sempre essere piegate e utilizzare come bende a pressione.

5. Bende in crepe (e non dimenticare le spille di sicurezza per fissarle!).

Sono disponibili in una larghezza standard di circa 8 cm. Sono utili sia per le distorsioni che per la fasciatura generale.

Questi prime cinque tipi di prodotti sono in assoluto gli articoli più importanti. Devi portare sempre con te i prodotti citati al punto 1 e 2, soprattutto se stai svolgendo un servizio di scorta pedonale da solo. Se invece lavori con una squadra questi prodotti possono essere suddivisi tra tutti i membri del team.

6. Bende larghe (da 8 a 10 cm).

Bende di questo tipo possono sempre essere tagliate e adattate a una piccola ferita, al contrario delle bende strette che invece sono sempre inutili quando si ha a che fare con una ferita grande.

7. Kit di sutura (aghi e catgut).

I kit di questo tipo sono dotati di aghi curvi sterili pronti per l'uso e di un paio di pinze da presa. Se sei da solo e qualcuno ha una ferita grave potrebbe essere necessario ricucirla in attesa dell'arrivo di un medico vero e proprio.

8. Detergente antisettico per ferite.

9. Una confezione di guanti di plastica di tutte le taglie.

Utilissimi per tenere il sangue e gli altri fluidi corporei lontani dalle mani mentre si soccorre il ferito.

10. Stecche di sostentamento, strumenti gonfiabili che si fissano con un velcro.

11. Una piccola bombola di ossigeno e maschere, particolarmente utili quando le vittime di traumi iniziano a iperventilare.

12. Una coperta di sopravvivenza termica in lamina leggera.

Sono molto sottili e una volta piegate diventano piccolissime, ma mantengono una persona ferita al caldo molto utili in paesi dalle temperatura rigide).

Se operi in una zona del mondo in cui le strutture mediche ufficiali non sono affidabili, è importante che tu abbia sempre con te anche una serie di articoli in più. Ti saranno molto utili per aiutare e proteggere il tuo team e i tuoi clienti da ulteriori problemi di tipo medico, sopratutto quelli legati alle infezioni. Vediamo di cosa si tratta.

13. Siringhe ipodermiche e fornitura di aghi monouso.

14. Bisturi a lance monouso.

15. Un antidolorifico universale, i migliori sono quelli in compressa.

16. Una fornitura di antibiotici alternativi.

Particolarmente utili se il tuo VIP o alcuni membri della tua squadra sono allergici alla penicillina, cosa che naturalmente devi sapere prima di entrare in azione.

Sul mercato sono disponibili anche sistemi di filtraggio dell'acqua in miniatura che possono aspirare le acque reflue grezze e produrre acqua potabile. Sono più comuni di quanto si creda, potresti trovarlo anche in un negozio di articoli da campeggio.

## KIT ULTERIORE

Nelle operazioni più complesse avrai bisogno anche di molto altro materiale. L'elenco sarebbe pressoché infinito dato che è in continua evoluzione, provo a farne un riassunto sintetico nelle righe che seguono.

- Armi da fuoco e buffetteria militare.
- Manette a chiave separata o fascette apposite nylon
- Torce Maglite, nelle versioni full-size e mini.

- Metal detector portatile.
- Un coltello da tasca affilato.
- Piccola fotocamera tascabile che includa in automatico la data e l'ora dello scatto in ogni immagine (può essere sostituita da uno smartphone).
- Videocamera compatta (può essere sostituita da uno smartphone).
- Registratore tascabile compatto con microfono a scomparsa.
- Scanner per bonifica.

L'acquisto di attrezzature come queste, che non sono indispensabili in tutte le operazioni ma solo in casi particolari, è sempre condizionato dalle tua disponibilità economiche. Ricordati di acquistare sempre soltanto quello che ti serve davvero e non quello che "fa figo".

# CAPITOLO 7

## PRIMO SOCCORSO

### LO SCOPO DEL PRIMO SOCCORSO

L'obiettivo fondamentale del primo soccorso è quello di prevenire la morte e di evitare lesioni gravi. Il tuo scopo nel prestare il primo soccorso durante un incarico OPAE è quello di fornire assistenza fino all'arrivo sulla scena di un paramedico o di un medico qualificato.

Il Comitato internazionale della Croce Rossa ha sottolineato che il primo soccorso e la chirurgia per le vittime di guerra e di conflitto da armi da fuoco sono molto diversi da quelli praticati per le ferite civili. L'evacuazione rapida è essenziale e, in termini di importanza, è pari al trattamento di primo soccorso fornito al momento del ferimento. È risaputo che un ritardo nell'evacuazione può portare a un aumento della mortalità, che è un grave problema per i pazienti feriti .

Il problema principale delle ferite di guerra è che vengono tutte gravemente contaminate da batteri. Non dimenticare che ci vogliono solo sei ore circa per infettare le ferite. Di solito la più grande minaccia per la vittima è l'insorgere della cancrena, spesso causata da un trattamento ritardato.

La tua funzione principale come primo soccorritore esperto è quella di salvare vite umane mantenendo i bisogni vitali della vittima. Questi sono generalmente indicati come l'ABC della conservazione della vita.

Nelle prossime pagine troverai spesso l'espressione "posizione di recupero". Si tratta di una posizione semi-prona con il corpo dell'infortunato sul fianco e la faccia rivolta verso il suolo. Per evitare che il ferito si ribalti a destra, il braccio superiore deve essere piegato al gomito e tirato verso l'alto per sostenere la spalla. La parte superiore della gamba deve essere piegata al ginocchio, per sostenere i fianchi. Il braccio inferiore del ferito deve essere esteso all'indietro dietro il corpo e la sua gamba inferiore infine deve essere diritta.

## L'ABC DELLA CONSERVAZIONE DELLA VITA

A: le vie aeree.

Se le vie aeree del ferito sono bloccate non avrà speranza, quindi devi agire in fretta. Controlla che respiri posizionando l'orecchio sopra la bocca e guardando lungo il petto e l'addome. Se sta respirando sentirai il respiro e vedrai la parete toracica sollevarsi e abbassarsi. Una vittima che ha smesso di respirare è incosciente.

Se il ferito sta respirando, deve essere monitorato attentamente e le sue vie aeree devono essere protette per evitare ulteriori complicazioni. Mettilo in posizione di recupero. Se non respira allora questa diventa la tua priorità. Inizia controllando se ha la bocca libera. Giragli la testa da una parte e con due dita fagli spazio intorno alla bocca. Non forzare le dita in gola però, perché potresti provocare dei conati di vomito. Rimuovi subito dalla bocca tracce di vomito, cibo o eventuali dentiere allentate. Se la rimozione dell'ostruzione gli permette di respirare di nuovo, mettilo in posizione di recupero. Se nonostante la pulizia della bocca continua a non respirare è necessario aprire le vie respiratorie. Ci sono due metodi per farlo:

- mettere una mano sotto la nuca (dietro al collo) e l'altra sulla fronte dell'infortunato. Spingendo leggermente verso il basso sulla fronte e sollevandogli da sotto il collo si aprono le vie respiratorie. Non usare questa tecnica se si sospettano lesioni al collo, specialmente dopo un incidente stradale (RTA);

- inginocchiati vicino alla testa del ferito tieni saldamente la mascella inferiore con entrambe le mani (una su entrambi i lati della mascella), e tira delicatamente la mascella in avanti e leggermente verso l'alto. Questo è l'unico metodo per gestire le vie aeree che può essere utilizzato per i feriti con lesioni al collo. Una volta aperte le vie aeree, la vittima può iniziare a respirare spontaneamente. Se lo fa, mettilo nella posizione di recupero.


B: respirazione.

Il modo più efficace per far respirare un ferito è la rianimazione bocca a bocca (quello che gli americani chiamano "bacio della vita"). L'aria che espiriamo infatti contiene circa il 16% di ossigeno, quantità più che sufficiente a sostenere la vita. Il modo migliore per imparare a farlo è su un manichino progettato allo scopo. Non tentare di farlo su una persona che respira coscientemente perché potresti danneggiargli in maniera grave i polmoni.

Chiunque può praticare la rianimazione bocca a bocca. Non ci sono attrezzature speciali da usare, anche se con l'avvento dell'HIV e dell'epatite A e B potrebbe essere saggio utilizzare un cerotto protettivo. Si tratta di piccoli boccagli di plastica che possono essere acquistati a prezzi molto bassi (parliamo di qualche dollaro). Se non hai con te uno strumento di questo tipo potresti usare un fazzoletto, ma in questo caso la rianimazione bocca a bocca risulterebbe meno efficace.

Per eseguire la rianimazione bocca a bocca posiziona il ferito sulla schiena, pizzicagli il naso, fai un respiro profondo e sigilla la bocca attorno alle labbra. Guarda in direzione del suo petto e soffia l'aria espirata dentro lui fino a quando il suo petto sale alla massima espansione. Poi stacca la tua bocca e tienila lontana dalla sua per permettergli di espirare. Questo avviene automaticamente quando la parete toracica si contrae. Osserva l'abbassarsi del torace, riprendi fiato e ripeti l'operazione esattamente nello stesso modo. Devi dare quattro soffi rapidamente senza fermarti, poi guarda il torace per valutare l'efficacia di quanto fatto.

Se tutto è andato come doveva andare il ferito riprenderà a respirare. Se il cuore batte, allora continua a soffiare dentro al ferito a una frequenza di 16-18 respiri al minuto (circa uno ogni tre secondi). Continua così fino a quando lui inizia a respirare da solo, o fino a quando arrivano paramedici con competenze avanzate.

Una volta che il ferito ricomincia a respirare mettilo in posizione di recupero. Se ha smesso di respirare anche soltanto per pochissimo tempo ha bisogno di cure mediche il più presto possibile e deve essere portato all'ospedale più vicino. Se non respira e non senti il polso, è necessario eseguire la RCP (rianimazione cardio polmonare) o "massaggio cardiaco", come viene spesso chiamato in modo fuorviante.

C: circolazione.

Se il ferito non respira e non ha polso la morte arriverà nel giro di 4 o 5 minuti. Il cervello infatti in questi casi subisce danni irreparabili dopo soli tre minuti, e anche se si riesce a rianimare la vittima dopo una situazione di questo tipo è molto probabile che rimarranno danno cerebrali permanenti. In casi del genere quindi è essenziale capire come fare per salvare il ferito e farlo dannatamente in fretta.

È importante capire qual è la parte del corpo da cui si può verificare più velocemente se il ferito ha battito (e di conseguenza se la circolazione è regolare). La maggior parte delle persone in queste situazioni di solito tasta il polso del ferito. Tuttavia, se la vittima si trova in una situazione di arresto cardiaco, molto spesso è difficile accorgersene tastando il polso dato che i vasi sanguigni sono concentrati nel rifornire gli organi principali.

Il modo migliore per cercare di trovare il battito quindi è andare a tastare direttamente i principali vasi sanguigni o le arterie. Le due principali sono quella femorale nella piega dell'inguine della parte superiore della gamba, oppure l'arteria carotidea nel collo. Io ti suggerisco di usare quest'ultima, in quanto è meno probabile che possa essere stata ferita nell'eventuale scontro. Oltre al fatto che è un po' più difficile provare a spiegare al tuo cliente che gli hai messo le mani nell'inguine perché stavi cercando la sua arteria femorale!

Per localizzare l'arteria carotidea devi posizionare le dita sulla laringe (trachea) nella parte anteriore del collo, quindi spostarsi leggermente in entrambi i lati nella cavità prima di arrivare ai muscoli del collo. Potrebbe essere necessario premere con fermezza, quindi fai attenzione a non esagerare perché altrimenti potresti interrompere la respirazione. Una volta individuato l'impulso carotideo, tieni le dita lì per cinque secondi. C'è il battito? Se sì, allora non si deve in nessun caso iniziare la rianimazione cardio polmonare.

Se invece non c'è polso è necessario avviare la RCP il più presto possibile. Un infortunato non respira se non ha battito cardiaco, quindi prima di tutto è necessario dare quattro respiri veloci. Poi posizionati con l'indice di una mano in cima alla gabbia toracica, e con l'indice dell'altra in basso, vicino alla tacca dello sterno, quindi unisci i pollici. Una volta trovato il punto in cui i pollici si incontrano saprai automaticamente dove posizionare il tallone di una mano. Dopo di che unisci l'altra mano in alto e, tenendo le braccia dritte, premi verso il basso per 4-5 cm (1,5 - 2 pollici). Rilascia poi la pressione per consentire alla cassa toracica di salire verso l'alto. Questa è la fase chiamata "compressione".

Il tuo obiettivo è fare 80 compressioni al minuto. Questo dovrebbe essere fatto in un ciclo ascoltando il proprio respiro per avere un parametro regolare. Se sei solo devi puntare a 15 compressioni per ogni ciclo di due respiri. Fai un respiro profondo, poi conta le compressioni e respira quando raggiungi le 8 compressioni. Respira di nuovo e continua il conteggio dalle 9 alle 15 volte prima di respirare. Poi esegui due respirazioni bocca a bocca (respirazione artificiale) al ferito prima di ricominciare con le compressioni.

Si tratta di un lavoro faticoso da un punto di vista fisico, attenzione che potresti stancarti presto. Se possibile quindi cerca di lavorare insieme a un'altra persona posizionandovi entrambi ai lati della persona ferita. Se siete in due a soccorrere il ferito allora la frequenza è di 1 respiro ogni 5 compressioni. Decidi prima di iniziare chi è quello che effettuerà la respirazione artificiale. Sia da soli che con in due si deve puntare a 80 compressioni al minuto. Controlla il battito cardiaco dopo 1 minuto, poi di nuovo ogni 3 minuti.

Una volta che il battito ritorna fermati immediatamente e continua la rianimazione bocca a bocca fino al ritorno completo della respirazione. Se sei stato obbligato a fare la respirazione bocca a bocca o la rianimazione cardiaca a un ferito, allora dovrai anche preoccuparti che poi venga tenuto in osservazione. Continua a controllare il polso ogni cinque minuti fino all'arrivo dell'assistenza medica, o fino a quando non viene portato in ospedale.

## VALUTAZIONE DELLA SITUAZIONE

Una volta che hai imparato l'ABC della conservazione della vita devi anche sapere quando utilizzare queste tecniche. Innanzitutto devi imparare a fare una valutazione della situazione.

Si può essere fortunati ed essere testimoni dell'incidente che ha causato le ferite, nel qual caso si è già in grado di valutare e agire in base a ciò che si è visto. Se invece non eri presente quando si è verificato l'incidente, è necessario procurarsi informazioni specifiche prima di agire.

Se lavori in un team, il medico di squadra deve prendere il controllo della situazione. Se sei tu il medico di squadra devi essere già in possesso di tutti i dettagli necessari sullo stato di salute del cliente (ad esempio allergie, assunzione di eventuali farmaci o altro).

Per salvare il ferito è necessario un approccio veloce ma calmo.

Tu rappresenti il primo soccorso, devi prendere il controllo della situazione e di coloro che ti circondano, siano essi membri del tuo team, della famiglia del cliente o persone che si trovano lì per caso.

Ecco la tua scaletta delle priorità:

1. Sicurezza

Devi ridurre al minimo il pericolo per tutti, non solo per il ferito. Nel caso di RTA chiedi a chi è presente di controllare il traffico lontano dalla vittima. Utilizza un altro veicolo per ostruire la carreggiata, oppure utilizza dispositivi di segnalazione come il triangolo dell'auto. Presta attenzione agli incendi dovuti a fuoriuscite di benzina e spegni il motore di tutte le auto coinvolte. Non spostare il ferito a meno che non sia in pericolo immediato.

2. Fatti aiutare dagli altri

A seconda della situazione, fatti aiutare dalle persone presenti sul luogo dell'incidente. Non avere paura di chiedere aiuto, o di dire alle persone che stanno disturbando o ostruendo il tuo lavoro.

Decidi in fretta quale servizio di emergenza ti serve (naturalmente devi conoscere i prefissi per le chiamate di emergenza soprattutto se lavori all'estero). Quando entri in contatto con l'operatore telefonico cerca di fornire quante più informazioni possibili, dato che questo dettaglio aiuterà i servizi di emergenza a decidere la migliore forma di aiuto da inviare. Se si lavora nel Regno Unito e si sospetta che il cliente abbia un infarto cardiaco, ad esempio, è bene richiedere specificamente un equipaggio paramedico.

3. Determinare le priorità di intervento.

Devi decidere rapidamente come intervenire sui feriti in base alle loro condizioni e basandoti sulle loro ferite. Qualsiasi ferito che non respira deve ricevere attenzione prima degli altri. Ricordati l'ABC, lo stato shock e altri bisogni primari. Una volta sistemate le priorità puoi fare una diagnosi più completa sulla base di ciò che vedi e delle conoscenze che hai a tua disposizione.

## LA STORIA

Con il termine "storia" si intende il resoconto completo di come si è verificato un incidente, o di come è iniziata una determinata malattia. In una situazione ideale dovrebbe essere il ferito stesso o il malato a raccontarti la storia dell'incidente, o comunque un testimone oculare.

Per te è indispensabile avere un quadro completo di ciò che è successo. Una vittima potrebbe sentirsi stupida o imbarazzata e dirti semplicemente che è caduta a causa di una disattenzione. Un testimone invece potrebbe dirti che l'hanno visto vacillare prima di cadere, il che potrebbe indicare una causa della caduta, come l'intossicazione o un evento ipoglicemico.

## SINTOMI

I sintomi possono essere le sensazioni che la vittima ha provato prima, durante o dopo l'evento. Possono essere un indicatore importante di ciò che è successo, o di ciò che ha causato l'evento. Il dolore è il più utile.

Se il ferito è cosciente chiedigli se sta soffrendo. Ricordati però che il dolore è soggettivo (quello che per te è soltanto piccolo graffio può causare molto dolore a qualcun altro e viceversa). Altri sintomi che ti saranno utili sono nausea, vertigini, sensazioni di calore o freddo, perdita di movimento o della sensibilità (soprattutto negli arti). Se il ferito è incosciente, dovrai affidarti a quello che vedrai o al racconto di eventuali testimoni.

## SEGNALI

I segnali sono dettagli che si possono scoprire attraverso i sensi (vista, tatto, udito e olfatto). Ci possono essere segni di sanguinamento, gonfiore, deformità, polso rapido, pupille dilatate o non reattive. Per raccogliere questi segni è necessario effettuare un esame approfondito del ferito, esame che spesso viene indicato con l'espressione "indagine secondaria". Si tratta di un esame dettagliato, dalla testa ai piedi, della persona ferita. Per riuscire a farlo in maniera efficace devi esercitarti il più possibile, magari con un partner disponibile. Si inizia sempre dalla testa e poi si scende. In questo modo si lavora in maniera sistematica e si ha la certezza di non dimenticare nulla. Dovresti accorgerti subito se ci sono problemi, e comunque li affronterai mano a mano che ti si presenteranno.

Posiziona entrambi i pollici sulla fronte e tasta intorno alla testa per cercare eventuali grumi, urti o lacerazioni inusuali. Molto delicatamente, esercita una pressione per controllare eventuali fratture del cranio. Se l'infortunato ha subito un trauma cranico, è necessario verificare anche se fuoriesce del liquido dalle orecchie o dal naso.

Poi controlla gli occhi, specialmente le pupille. Guarda se sono delle stesse dimensioni e se reagiscono alla luce. Pupille disuguali infatti suggeriscono una grave lesione cranica, compresi alcuni danni cerebrali o nervosi. Dopo aver esaminato gli occhi controlla la bocca. Controlla che il ferito respiri ancora e che non siano entrati corpi estranei nel cavo orale.

Guarda la faccia nel suo insieme, controlla il colorito e tasta il visto per capire la temperatura e se il ferito sta sudando oppure no. Dopo di che passa al collo e, per prima cosa, allenta il colletto della camicia e la cravatta (naturalmente se il ferito li indossa). Scorri con le dita lungo la colonna verticale, dalla base del cranio fino all'altezza delle scapole. Passa le mani come se fossi alla ricerca di qualsiasi cosa che si muova al contatto con le tue dita. Se il ferito è cosciente è molto importante che ti dica se sente dolore quando lo tocchi.

Controlla l'impulso carotideo e prendi nota mentalmente del battito del ferito. Per farlo ti basterà contare il numero di battiti per sei secondi e moltiplicarlo per dieci, in questo modo otterrai una frequenza cardiaca approssimativa. Prendi nota anche della forza e della regolarità del battito.

Se il ferito viene trovato a terra senza che nessuno abbia assistito alla sua caduta allora è ipotizzabile che cadendo si sia lesionato il collo. Stessa cosa per chi è coinvolto in incidenti d'auto.

In questo caso è necessario sostenere il collo per evitare ulteriori problemi. È possibile ottenere questo risultato arrotolando un giornale, posizionandolo intorno al collo dell'infortunato e tenendolo fermo con una cravatta o una cintura.

Evita di muovere il ferito, mettigli una mano nella cavità della schiena e spostala il più possibile su e giù alla ricerca di eventuali emorragie, gonfiori o irregolarità.

È arrivato il momento di esaminare il petto: controlla che sia in movimento e che non ci siano irregolarità tra la parte destra e quella sinistra. Inizia dalle clavicole, usando entrambe le mani per valutare la simmetria e per notare eventuali irregolarità.

Controlla poi l'osso mammario posandoci sopra la mano ed esercitando una pressione. Naturalmente devi fare molta attenzione perché un'eventuale frattura in questa posizione potrebbe coinvolgere gli organi sottostanti, ovvero il cuore e i polmoni.

Passa poi al bacino: posiziona entrambe le mani sulle ali iliache e premi con energia verso l'interno. Il bacino deve essere solido e non deve muoversi. Se lo fa, allora è a rischio frattura.

Ora controlla gli arti (braccia e gambe). Applica delicatamente una leggera pressione alle ossa del polso fino al braccio. Cerca ancora una volta deformità o gonfiore e chiedi se il ferito prova dolore. Ripeti l'operazione per le gambe, a partire dalle caviglie. Fatti una lista mentale di tutto quello che hai scoperto in modo da poterlo trasmettere ai paramedici o al medico.

## EMERGENZE MINORI

Ora che le grandi emergenze sono state affrontate, è importante sapere cosa fare con emergenze minori per evitare che si trasformino in minacce potenzialmente mortali.

I tanti film che hai visto al cinema ti potrebbero far pensare che questa professione ti porterà a soccorrere soltanto VIP con ferite da arma da fuoco o gravi traumi. Situazioni del genere possono capitare, soprattutto se si lavora in particolari zone di conflitto, ma la cosa più probabile è che sarai di grande aiuto al tuo VIP se riuscirai a evitare che si soffochi, o intervenendo nel modo opportuno in caso di un attacco cardiaco o di una reazione allergica.

## SOFFOCAMENTO

Il soffocamento può essere molto doloroso, un intervento rapido da parte tua può prevenire il verificarsi di un incidente potenzialmente letale. Il soffocamento è di solito il risultato di un alimento che va nella direzione sbagliata. Vale a dire che si posiziona nella trachea e non nell'esofago. È imperativo che l'ostruzione venga rimossa il prima possibile, perché altrimenti impedirà di respirare al tuo cliente e lo ucciderà. In casi del genere la rianimazione bocca a bocca è inutile in quanto non è possibile immettere aria nei polmoni a causa dell'ostruzione.

Se il VIP è cosciente devi cercare di incoraggiarlo a liberarsi del cibo bloccato nella trachea con un forte colpo di tosse. Se questo non funziona allora devi aiutarlo a piegarsi leggermente, con la testa più in basso dei polmoni. Poi con il tallone della mano metti a segno quattro forti colpi tra le scapole del VIP. Dopo ogni ciclo di quattro colpi controlla se la trachea si è liberata e il tuo VIP ha ripreso a respirare autonomamente.

Se il VIP perde coscienza allora puoi provare con la rianimazione bocca a bocca. Se anche questa tecnica non dovesse funzionare prova a girarlo di lato (possibilmente con il lato destro verso il basso) e continua a colpire le scapole a intervalli di quattro colpi.

Se anche questo tentativo non dovesse riuscire prova con le spinte addominali, ovvero con la manovra di Himlich. Attenzione però, non esercitarti mai con questa manovra con un amico o con un'altra persona perché potresti procurargli delle lesioni gravi. Nel caso il tuo VIP sia cosciente puoi stare in piedi o inginocchiarti dietro di lui. Metti un pugno chiuso nel suo addome appena sotto la gabbia toracica. Abbraccia il VIP afferrando il pugno con l'altra mano, poi tira le mani verso di te in una spinta verso l'interno e verso l'alto. Ripeti l'operazione quattro volte con una forza sufficiente a far sussultare il VIP.

Nel caso in cui la persona che sta soffocando abbia perso

conoscenza, le spinte addominali vanno date appoggiando la vittima sulla schiena su una superficie dura, inginocchiandosi sulle gambe e mettendo il tallone di una delle mani nello stesso punto come sopra. Bisogna poi intrecciare le dita (tieni le dita libere dall'addome) e inclinarsi in avanti, dando una spinta improvvisa a scatti. Ripetilo ancora una volta per quattro volte. Dopo ogni ciclo di quattro spinte, controlla se la trachea è libera e se il VIP riesce a respirare. Se l'infortunato diventa blu (cianosi), puoi fare un tentativo disperato di ventilare artificialmente con la rianimazione bocca a bocca.

## OSTRUZIONE CORONARICA

L'ostruzione coronarica è un disturbo improvviso, come un coagulo di sangue o una placca grassa, che ostruisce il normale flusso di sangue intorno al cuore. L'infortunato si lamenterà di sentire dolori improvvisi, come un dolore da schiacciamento al centro del torace (spesso viene descritto come se si trattasse di una forte indigestione).

La vittima potrebbe dirti che il dolore si irradia verso la schiena e giù per il braccio sinistro, fino alla mascella. Improvvisamente sentirà giramenti di testa e avrà bisogno di sedersi. La sua pelle diventerà molto pallida e suderà abbondantemente. Potrebbe faticare a respirare e avere anche un battito veloce che si indebolisce e che diventa irregolare. Potrebbe andare in shock e diventare incosciente. Se questa situazione si prolunga potrebbe verificarsi un arresto cardiaco. In casi del genere bisogna iniziare immediatamente la RCP e la rianimazione bocca a bocca.

## PATOLOGIE PREESISTENTI

Dovresti già essere a conoscenza di eventuali patologie preesistenti del tuo cliente. In questo modo sei in una posizione migliore per offrire assistenza in caso di emergenza. I tipi più comuni di patologie che possono scatenare un'emergenza sono l'angina, l'asma, l'epilessia e il diabete. Ce ne sono altri, e dovresti esserne consapevole quando compili la valutazione del profilo del tuo cliente.

- Angina Pectoris

Questo è un problema che spesso viene scambiato per ostruzione coronarica. I segni e i sintomi sono gli stessi dell'ostruzione coronarica, che di solito si verifica negli anziani o in chi ha già subito un attacco di cuore. Gli attacchi cardiaci sono di solito causati dallo sforzo o dall'eccitazione, per cui è essenziale mantenere la vittima ferma e al caldo. Le persone che soffrono di questo tipo di patologia di solito hanno sempre con loro i farmaci adatti, spesso Glycerol Tri-Nitrate (GTN). Questo dovrebbe essere somministrato non appena si nota l'insorgere dell'attacco. In caso di attacchi è necessario portare il tuo assistito in ospedale per un controllo e la successiva stabilizzazione.

- Asma

Un attacco d'asma può essere estremamente doloroso se non viene affrontato in maniera tempestiva. Nei casi più gravi può portare addirittura alla morte. Attacchi di questo tipo si verificano a causa di uno spasmo dei muscoli dei passaggi aerei. Questi spasmi possono essere scatenati da un numero elevato di situazioni, per questo è necessario che il tuo cliente sia ben conscio di tutto ciò che può causargli un attacco d'asma. Tra le cause più comuni ricordiamo lo stress, la tensione, allergie a polline, polvere, gatti, ecc. Il sintomo principale da tenere sotto controllo è la mancanza intensa di respiro.

Per capire la reale gravità della situazione chiedi al tuo cliente come si sente. Se è in grado di rispondere con frasi articolare, ma respira velocemente iperventilando, allora cerca di rassicurarlo e di calmarlo. Puoi anche chiedere al tuo cliente di respirare all'interno di un sacchetto di carta, in questo modo si riduce l'apporto di ossigeno e si previene l'iperventilazione. Osserva con estrema attenzione il tuo cliente: potrebbe diventare improvvisamente molto stanco per lo sforzo fino a non riuscire a respirare. Se si dovesse verificare una situazione del genere, ovviamente devi intervenire per farlo respirare (ricordati l'ABC!)

- Epilessia

Come ho scritto in precedenza è molto importante conoscere eventuali patologie preesistenti del tuo cliente, soprattutto se si tratta di epilessia. Bisogna sottolineare però che in casi del genere ci si trova di fronte a una situazione molto delicata, dato che il cliente potrebbe non sentirsela di condividere questa sua debolezza con quello che è a tutti gli effetti un estraneo. Per questo motivo è importante cercare di instaurare un rapporto personale con il tuo cliente, proprio perché lui possa aprirsi con te anche quando si tratta di temi delicati come questo.

Chi soffre di epilessia di norma si abitua a convivere con la malattia, quindi è piuttosto raro che si verifichino attacchi spontanei o crisi in persone di età adulta. Nonostante tutto in condizioni di forte stress, possono verificarsi attacchi o convulsioni. A prescindere dalle cause dell'attacco le azioni che puoi intraprendere sono più o meno le stesse.

Ricorda che una crisi epilettica grave passa attraverso queste fasi: rigidità del corpo, perdita di conoscenza, tremori. Spesso chi soffre di epilessia ha imparato a conoscere i sintomi che precedono un attacco e quindi sa come reagire. Se il tuo cliente avverte questa sensazione (chiamata anche "aura") è meglio stenderlo sul pavimento in posizione supina. Fai attenzione a non stendere il tuo cliente accanto a mobili o a oggetti che potrebbero danneggiarlo durante l'attacco.

Anche se il tuo cliente dice di sentirsi bene ed è convinto che l'attacco epilettico non si verificherà, è sempre bene attendere qualche minuto per essere sicuri. Tu resta al suo fianco e tranquillizzalo. Se invece l'attacco si verifica allora non cercare di immobilizzarlo, a meno che non ci si trovi in una situazione di potenziale pericolo. Durante una crisi epilettica una persona potrebbe vomitare, quindi preparati a ogni evenienza (attenzione al soffocamento da vomito). Comunque tu non mettergli nulla in bocca durante la crisi (potrebbe staccarti un dito con un morso involontario), ma cerca di mantenere aperte le sue vie respiratorie.

Se ti accorgi che al termine dell'attacco il tuo cliente ha smesso di respirare allora devi intervenire immediatamente con la respirazione bocca a bocca per rianimarlo. Una volta che l'attacco epilettico si è concluso il tuo cliente proverà una grande stanchezza. Probabilmente ti chiederà di dormire o comunque avrà un atteggiamento distante e sconnesso. In casi del genere è bene che una persona riposi per almeno un'ora dopo un attacco.

Se si dovesse verificare una crisi epilettica in una persona che non era a conoscenza di soffrire di epilessia, allora una volta risolta l'emergenza sarà bene rivolgersi a un medico.

- Diabete

Il diabete è una patologia molto diffusa, soprattutto tra le persone di una certa età. Anche in casi del genere è fondamentale essere a conoscenza dell'esistenza di questa patologia (ricordati di annotare sul modulo con i dati medici che farmaci usa il tuo cliente). Chi soffre di diabete può essere dipendente da insulina, e quindi ha bisogno di iniezioni periodiche; oppure, nel caso in cui non esista questa dipendenza, deve fare molto attenzione alla dieta. È importantissimo infatti in casi del genere tenere monitorata la quantità di zucchero assunta quotidianamente con i cibi. Proprio per questo motivo chi è costretto spesso a mangiare fuori può incontrare delle difficoltà. Anche chi ha ritmi di lavoro troppo serrati potrebbe avere dei problemi dato che in queste situazioni spesso di saltano i pasti o si tende a mangiare in maniera disordinata. Se a questi fattori aggiungiamo lo stress e gli sforzi eccessivi ecco che il nostro cliente potrebbe essere a rischio.

La situazione di crisi più comune per i diabetici è quella che si verifica quando il contenuto di zuccheri nel sangue è troppo basso. In questi casi infatti si può arrivare alla perdita di conoscenza o addirittura alla morte. Del resto anche chi non soffre di diabete ha sperimentato la sensazione di stanchezza che si prova quando non si mangia da molto tempo e, di conseguenza, si è in "calo di zuccheri", soprattutto se si stanno facendo sforzi fisici importanti. Il diabetico purtroppo passa molto velocemente da questa sensazione di stanchezza a una situazione di crisi ipoglicemica.

Se il tuo cliente è diabetico dunque controlla sempre che non soffra di disorientamento, vertigini, giramenti di testa, testa leggera (le persone che mostrano questi sintomi sono spesso scambiate per ubriachi in preda a una sbornia). Se è in corso una crisi ipoglicemica il tuo cliente potrebbe diventare anche aggressivo. In ogni caso sarà pallido, avrà un grande aumento della sudorazione così come della frequenza cardiaca. Dopo di che inizieranno i tremori, a cui seguirà rapidamente la perdita di coscienza.

Se il tuo cliente è vittima di una crisi ipoglicemica ma è ancora cosciente somministragli subito un elevato apporto di zucchero: una compressa di Dextrosol, una barretta di cioccolato o una tazza di tè molto zuccherata vanno benissimo (evita il caffè). Se invece è incosciente allora portalo in ospedale più velocemente possibile.

- Ferite e sanguinamento

Le ferite che causano sanguinamento vanno sempre trattate con attenzione perché, soprattutto se gravi, possono portare alla morte del tuo cliente. Prima di iniziare a capire come comportarsi in casi del genere vediamo velocemente com'è possibile classificare i vari tipi di ferite.

Ferita Incisa. Si tratta di un taglio netto con bordi dritti, causato da uno strumento affilato come un coltello che affetta la pelle e le strutture più profonde. Questo tipo di ferita può sanguinare abbondantemente, specialmente se si taglia anche un vaso sanguigno.

Ferita lacerata. Qui la pelle è strappata con bordi irregolari. Anche se superficiali, ferite di questo tipo di solito non sanguinano molto. I bordi irregolari della pelle si coagulano più facilmente ma sono più a rischio di contaminazione a causa del meccanismo della lesione. Le cause di queste ferite sono filo spinato, bordi metallici, ecc.

Ferite da puntura. Queste sono di solito ferite di piccole dimensioni e possono sembrare insignificanti. Tuttavia è necessario essere consapevoli della possibilità di danni interni. Inoltre il rischio di infezione è elevato poiché attraverso questo tipo di ferite i germi possono raggiungere direttamente il sangue. Il tetano, ad esempio, è una delle classiche infezioni derivanti da ferite di questo tipo, ecco perché se il tuo cliente non ha fatto tutti i richiami del vaccino dovrà fare immediatamente un'iniezione antitetanica. Di solito ferite di questo tipo sono causate da morsi di animali o da oggetti come aghi, unghie o coltelli.

Escoriazioni. Questo tipo di ferite si verificano solitamente in seguito a un attrito che strappa gli strati superficiali della pelle. Queste ferite tendono a non sanguinare molto, inoltre l'area interessata è molto dolorosa. Anche il rischio infezione è elevato a causa della sporcizia che si può insinuare all'interno della ferita.

Ferita livida. Questo particolare tipo di ferite provoca dei lividi senza che la pelle venga lacerata. Da un punto di vista della perdita di sangue dunque una ferita di questo tipo non è grave, ma non va assolutamente sottovalutata perché potrebbe esserci una frattura o una lesione interna.

Ferite da armi da fuoco. Come ho scritto in precedenza le probabilità di incontrare ferite del genere sono molto basse. Se però il tuo cliente viene coinvolto in una sparatoria, allora la tua prima preoccupazione deve essere quella di tamponare la perdita di sangue e di affrontare gli effetti dello stato di shock di cui sarà sicuramente vittima il ferito, per lo meno fino all'arrivo di medici esperti o paramedici. Per prima cosa devi individuare il foro di entrata e di uscita del proiettile (di norma il foro di entrata ha un diametro minore rispetto a quello d'uscita). Ferite di questo tipo possono sanguinare molto, tutto dipende dagli organi colpiti dal proiettile.

- Tipi di emorragia

Finora abbiamo parlato del tipo di ferite, ma è necessario saperne di più anche sul tipo di emorragia. La casistica si può ridurre a tre condizioni: emorragia arteriosa, venosa o capillare.

L'emorragia di tipo arterioso è senza dubbio la più grave. A eccezione dell'arteria polmonare infatti il sangue che scorre all'interno delle arterie è fortemente ossigenato e, proprio per questo motivo, è di colore molto rosso e scorre in maniera copiosa.

L'emorragia di tipo venoso invece è di norma di un rosso più scuro e scorre con una pressione più bassa. In casi del genere dunque è probabile che il sangue sgorghi dalla ferita ma non sprizzi come invece succede quando ci si trova di fronte a un'arteria danneggiata.

L'emorragia capillare infine è quella meno grave, dato che contiene sangue ossigenato e deossigneato che non viene tenuto sotto pressione, e che quindi trasuda dalla ferita.

- Trattamento per le emorragie

Anche se il tuo cliente sta sanguinando non devi dimenticare mai la regola dell'ABC: il controllo delle emorragie infatti viene dopo nell'equazione salvavita. Non dimenticare mai che le principali emorragie esterne richiedono un intervento rapido. Non dimenticare che molte persone reagiscono male alla vista del proprio sangue. Per questo motivo cerca di fare in modo che non vedano il sangue che fuoriesce dalla ferita e, se puoi, posiziona la vittima in modo che non riesca a rendersi conto della reale portata del danno.

In alcuni casi particolarmente gravi potresti non essere in grado di fermare l'emorragia. Non preoccuparti, rallentarla potrebbe essere già sufficiente a salvare il ferito. Devi fare in modo di vedere la ferita in maniera chiara, completa. Verifica che non ci siano corpi estranei o pezzi d'osso che fuoriescono. Dopo di che, se la ferità ti sembra a posto, applicaci sopra una forte pressione diretta. Devi cercare di apporre una qualche medicazione sulla ferita e premere con forza per 10-15 minuti. Se dopo aver intrapreso queste azioni l'emorragia non si è fermata, applica una seconda medicazione sulla prima e fai nuovamente pressione. Non rimuovere la prima medicazione perché potresti disturbare il processo di coagulazione. Se la pressione diretta non funziona, prova ad applicare una pressione indiretta.

Nel caso tu abbia a che fare con una ferita a un arto devi cercare di individuare l'arteria più vicine alla ferita risalendo in direzione del corpo. Dopo di che premi con forza per 10-15 minuti, poi lascia la presa e verifica il risultato. Se la ferita continua a sanguinare torna ad applicare la pressione sull'arteria. Se non hai sottomano nulla in grado di fermare un'emorragia grave l'unica possibilità che ti resta è quella di utilizzare un laccio emostatico.

Quando si ha a che fare con emorragie gravi è bene tenere sempre il ferito sotto osservazione finché non arriva del personale medico esperto, anche se ti sembra che l'emorragia si sia interrotta. Nel caso in cui si verifichi un'emorragia ad un arto, e questo non è fratturato, è bene alzare la ferita al di sopra del livello del cuore.

- Emorragie interne gravi

Una grave emorragia interna può essere curata con successo solo in ospedale. In casi del genere è imprescindibile un intervento chirurgico. Il tuo compito quindi deve essere quello di intervenire per ridurre al minimo gli effetti dell'emorragia interna, del probabile stato di shock del ferito e dell'eventuale stato di incoscienza prima dell'arrivo del personale medico.

Se il tuo cliente ha un evidente trauma al torace, oppure soffre di dolori addominali intensi, allora preoccupati perché potrebbe avere un'emorragia interna. Se hai il sospetto che sia questo il problema, sdraia subito il ferito. Se non ha lesioni alle gambe, sollevagli gli arti inferiori al di sopra del cuore per concentrare il sangue verso gli organi vitali. Provvedi poi ad allentare gli abiti del tuo cliente, soprattutto se si tratta di vestiti stretti o aderenti.

In casi del genere è bene tenere la persona ferita al caldo e sotto osservazione. Controlla a intervalli regolari di 5 minuti se il ferito respira ed è cosciente. Se dovesse perdere conoscenza mettilo immediatamente in posizione di recupero. Nel caso in cui smetta di respirare devi intervenire subito con la respirazione bocca a bocca.

Non dimenticare un ultimo particolare che però è molto importante: in caso di emorragie interne non somministrare mai nulla per bocca al tuo cliente dato che avrà bisogno di essere sottoposto a un intervento chirurgico il prima possibile.

- Ferite profonde al torace e alla schiena
Qualsiasi ferita che penetri nella cavità toracica ha bisogno di particolare considerazione, visto che può essere potenzialmente letale se non gestita correttamente. La causa della ferita potrebbe un proiettile, un'arma da taglio, schegge provenienti da un'esplosione di qualsiasi tipo. Il tuo obiettivo deve essere quello di assicurarti che la vittima continui a respirare e di portarla in ospedale il più presto possibile.

Indipendentemente dal fatto che il polmone sia stato

danneggiato, un corpo estraneo che penetra nella cavità toracica spesso porta al collasso del polmone. In questo modo si riduce notevolmente l'apporto di ossigeno. Se l'aria resta nella cavità toracica, allora anche il polmone "buono" può collassare e la vittima si asfissierà lentamente.

In casi di ferite di questo tipo devi far particolare attenzione a una serie di sintomi precisi. Preoccupati se la vittima inizia ad avere dolori localizzati intorno alla zona d'ingresso della ferita. Potrebbe avere difficoltà respiratorie, caratterizzate da respiri veloci e poco profondi. La mancanza di ossigeno potrebbe fargli diventare bluastre le labbra, e anche la pelle potrebbe assumere un colore cianotico. Questi sono i segnali che più di tutti indicano che l'asfissia si sta stabilizzando. Nei casi di ferite particolarmente gravi al polmone la vittima potrebbe espellere sangue rosso vivo con dei colpi di tosse. In altri casi è possibile sentire il suono dell'aria aspirata nel torace. Devi preoccuparti dello stato di shock del tuo cliente dopo di che cura la ferita. Se puoi sigilla l'apertura della ferita con il palmo della mano. È meglio se riesci a mettere il ferito in posizione di seduta classica, questo per aiutare l'espansione polmonare. Appena puoi copri la ferita con una medicazione sterile, dopo di che utilizza quello che hai a disposizione (va bene anche un pezzo di pellicola o un sacchetto di plastica) per sigillare la ferita.

Se la vittima perde coscienza, spostala nella posizione di recupero con il polmone sano più in alto per favorire la respirazione.

- Lesioni addominali

Una ferita addominale profonda è sempre molto grave, in quanto è più probabile che coinvolga gli organi interni. Ferite di questo tipo comportano anche molte perdite di sangue, sia esternamente che internamente.

In casi del genere il ferito prova dolori generalizzati nel punto in cui è ferito, presenta i sintomi classici dello stato di shock e ha un'abbondante perdita di sangue. Probabilmente noterai anche un gonfiore all'addome a causa dell'emorragia interna. Tieni sempre sotto controllo l'emorragia esterna applicando una pressione diretta. Se la vittima è cosciente spostala in posizione di mezza seduta con le ginocchia piegate. In questo modo eviterai che la ferita si apra e potrai ridurrete la pressione sugli organi interni. Se puoi coprite il prima possibile al ferita con una medicazione sterile imbevuta di soluzione fisiologica.

Anche in questi frangenti la vittima non deve assumere nulla per bocca dato che dovrà essere sottoposta a intervento chirurgico il prima possibile.

- Ossa fratturate

Le ossa si possono fratturare in diversi modi, sia a causa di un colpo diretto che indiretto. Genericamente si parla di fratture semplici (quando è rotto l'osso ma non la superficie cutanea), esposte (quando l'osso penetra la pelle e fuoriesce all'esterno) e complesse (quando l'osso arriva a lesionare anche altri organi o a causare emorragie).

Ci sono poi le dislocazioni che, pur non essendo tecnicamente delle fratture, possono comunque essere accomunate a questo tipo di infortuni perché sono ossa che sono state forzate o che, in seguito a un trauma, sono fuoriuscite dalle articolazioni.

Quando si verifica una frattura la vittima può avvertire un colpo secco o una sorta di scatto. Seguirà un'immediata sensazione di dolore nel punto della lesione, dolore destinato inevitabilmente ad aumentare non appena il ferito proverà a muoversi. Noterai un gonfiore evidente nell'area che circonda la frattura, in seguito compariranno anche delle contusioni. In alcuni casi è possibile anche sentire i due bordi dell'osso che si toccano. Quasi sempre la vittima mostra segni di shock.

Quando ci si trova di fronte a una frattura è importante immobilizzare subito l'arto in modo da ridurre il dolore della vittima e di impedire ogni movimento. Se non sussistono altre ferite puoi posizionare la vittima nel modo in cui sta più comoda. A meno che non sia in pericolo di vita immediato o che non sia in stato di incoscienza, cerca di non allontanare il ferito con troppa fretta dal luogo in cui si trova (naturalmente anche quando ti trovi di fronte a casi di fratture non dimenticate mai l'ABC).

È comunque importante cercare di immobilizzare il più possibile l'arto, va benissimo qualsiasi cosa tu abbia a portata di mano. Esistono anche particolari tipi di steccobende realizzate proprio per queste evenienze, ma in caso di emergenza vanno benissimo giornali, cinture o indumenti arrotolati. Se hai anche soltanto il sospetto che il tuo cliente abbia un osso fratturato portalo il prima possibile in ospedale.

Ci sono poi fratture particolari che hanno bisogno di un trattamento speciale, dato che possono portare alla paralisi o al coma. Stiamo parlando delle fratture al cranio e di quelle alla colonna vertebrale.

- Fratture del cranio

Una frattura al cranio può essere potenzialmente letale (ricordi l'indagine secondaria? ). Quando si controlla il cranio, cerca lesioni evidenti come tagli, gonfiori e rientranze. Controlla che il naso e le orecchie non presentino perdite di sangue o di liquido trasparente. Ci potrebbe essere una combinazione dei due, nel qual caso il fluido sarà di colore rosa. Le pupille inoltre possono essere diverse tra loro e non reagire alla luce. Il ferito potrebbe diventare incosciente o restare stordito dal colpo subito.

Se il ferito è cosciente, mettilo in posizione di mezza seduta. Se c'è una ferita aperta, coprila con una medicazione sterile. Il trasporto in ospedale in casi del genere è assolutamente vitale. Fai sempre molta attenzione al livello di lucidità della vittima, così come all'insorgere di un arresto cardiaco o di una crisi respiratoria. Se sospetti che il tuo cliente sia vittima di una frattura al cranio non lasciarlo mai da solo incustodito, dev'esserci sempre una persona al suo fianco pronta a intervenire.

- Fratture della colonna vertebrale

Le fratture della colonna vertebrale necessitano di un'attenta manipolazione per prevenire la paralisi permanente. Le fratture più pericolose sono quelle nella parte superiore della colonna vertebrale, ovvero quelle della colonna cervicale (collo). Una frattura a questo livello può causare morte e/o paralisi permanente. La probabilità di una lesione della colonna vertebrale cervicale deve quindi essere stata accertata nell'ambito dell'indagine primaria. Se sospetti che ci sia una lesione, immobilizza la colonna cervicale prima di fare qualsiasi altra cosa. Esistono tanti prodotti specifici per immobilizzare la colonna cervicale, ma in situazioni di emergenza va bene qualsiasi cosa tu abbia a disposizione, come ad esempio un giornale.

Anche le fratture della colonna vertebrale toracica (dalle spalle alla vita) richiedono un trattamento accurato. L'infortunato deve essere posizionato su una superficie piana e, nel caso in cui debba essere trasportato, deve essere spostato con il corpo in linea retta.

Anche le fratture della colonna vertebrale lombare (parte bassa della schiena) devono essere trattate con estrema cautela, ma con minore priorità rispetto alle lesioni toraciche superiori o cervicali, poiché la struttura muscolare contribuisce a mantenere in posizione queste vertebre che di norma sono robuste.

La cosa importante da ricordare nelle lesioni alla colonna vertebrale è di mantenere il corpo del ferito in linea retta, dalla cima della testa ai piedi.

- Ustioni
Le ustioni sono classificate principalmente in 6 diverse tipologie:
- ustioni a secco, causate da fiamme o da materiali molto caldi;
- ustioni umide, ovvero le classiche scottature causate da vapore, acqua calda o grassi;
- ustioni a freddo, causate dal contatto con sostanze a temperature estremamente rigide come l'azoto;
- ustioni chimiche, causate dal contatto con sostanze acide o alcaline;
- ustioni elettriche, spesso causate dal contatto con cavi elettrici ad alta tensione o fulmini, di solito hanno un punto di ingresso preciso e sono scaricate attraverso il corpo. In casi del genere controllate sempre i piedi e le mani della vittima. Prima di avvicinare qualcuno che temi che sia stato fulminato, ricordati di isolare la sorgente e di toccare la vittima solo attraverso un oggetto che non sia conduttore elettrico come ad esempio della plastica;
- scottatura da radiazioni (le più classiche sono quelle dovute alla prolungata esposizione al sole.

L'eccessiva esposizione ai raggi X inoltre causa anche ustioni da radiazioni, ma è meno probabile che si verifichino.

A ogni modo dimentica le immagini che hai visto in tv al cinema, quelle scene drammatiche in cui dei medici corrono dappertutto blaterando frasi senza senso sulle ustioni di primo, secondo e terzo grado. Si tratta di un'assurdità priva di senso. Quando hai a che fare con delle ustioni esistono soltanto tre tipologie che ne descrivono l'estensione e la gravità: ustioni superficiali, intermedie e profonde.

Le ustioni superficiali coinvolgono soltanto gli strati esterni superiori della pelle. I risultati sono arrossamento e una piccola quantità di gonfiore e tenerezza. Generalmente guariscono senza cicatrici.

Le ustioni intermedie formano vesciche e coinvolgono più strati di pelle. Sono le ustioni più dolorose e spesso sono soggette a infezioni. Potrebbero apparire come come superficiali, tuttavia noterai che dalle ustioni di questo tipo può fuoriuscire del liquido ematico (attento: è incolore). Queste ustioni richiedono le cure di specialisti per ridurre al minimo gli effetti.

Le ustioni profonde coinvolgono l'intero spessore della pelle in profondità. La pelle attorno alla ferita appare pallida, cerosa e talvolta carbonizzata. Se anche i nervi sono stati danneggiati la vittima potrebbe non sentire alcun dolore. In casi del genere è necessaria assistenza medica immediata dato che i fluidi devono essere sostituiti e l'infezione può insorgere rapidamente.

In caso di ustioni e scottature a secco devi irrigare la zona interessata con acqua corrente fredda per almeno dieci minuti. Se l'acqua non è disponibile utilizza un liquido freddo e sicuro. Rimuovi eventuali costrizioni come i gioielli, orologi, bracciali o vestiti, perché una volta che l'ustione si gonfia causeranno dolore alla vittima e dovranno essere tagliati. Una volta raffreddata l'area, applica una medicazione sterile fresca.

Per le ustioni intermedie e profonde segui la stessa procedura. Raffredda l'incendio non appena possibile, quindi copri l'area interessata con una medicazione sterile imbevuta di acqua pulita. Una volta che l'ustione si è raffreddata e l'hai medicata, il tuo principale problema per quanto riguarda il primo soccorso può essere dovuto alla perdita di coscienza o all'arresto respiratorio del ferito, specialmente se l'ustione è sul viso o in bocca. Quando hai a che fare con ustioni profonde ricordati sempre che la vittima probabilmente è sotto shock e va trattata di conseguenza.

- Alcune note importanti per le ustioni

Se il ferito è cosciente mettilo a terra. Controlla la frequenza respiratoria e il battito cardiaco. Se non sviene stendilo con i piedi a un livello più alto della testa (supponendo che non ci siano fratture o ferite aperte), tienilo al caldo e allenta i vestiti intorno al collo e alla vita. Dopo di che affronta la causa dello shock. Non lasciarlo mangiare, bere o fumare e non muoverlo fino all'arrivo di un aiuto professionale.

Se la vittima è in stato di incoscienza è fondamentale capire per quale motivo è svenuta e, in un secondo momento, valutare il livello dello stato di incoscienza e agire di conseguenza.

Se la vittima è priva ci conoscenza ma respira e ha un buon battito cardiaco puoi metterlo in posizione di recupero e portarlo in ospedale. La principale misura di primo soccorso consiste nel tenerlo al caldo e nel proteggere le vie respiratorie. Effettua controlli regolari sul suo stato di coscienza, frequenza cardiaca, frequenza respiratoria, colore e reazione della pupilla.

Ricorda che i sei livelli di coscienza sono:

1. Il ferito risponde normalmente alle domande. Può tenere una normale conversazione, conosce il suo nome, il giorno della settimana, del mese, il nome del Presidente, ecc.

2. Il ferito risponde solo a domande dirette. Risponde lentamente, sembra distante, assente.

3. Il ferito risponde solo in modo vago alle domande. Non riconosce l'ambiente circostante, l'ora, il giorno, il mese, ecc.

4. Il ferito si limita a obbedire ai comandi.

5. Il ferito risponde solo al dolore.

6. Il ferito non risponde affatto.


- Svenimento

Per svenimento si intende una perdita di coscienza momentanea, di solito non più di pochi minuti di durata. Le cause più probabili sono il dolore, la paura, lo spavento, lo sconvolgimento emotivo (che può includere la vista del sangue), l'esaurimento o la mancanza di cibo.

Se il ferito sembra sul punto di svenire fallo sedere, piegalo in avanti con la testa tra le ginocchia e rassicuralo.

# CAPITOLO 8

## PARTICOLARI CHE NON PUOI NON SAPERE

### Cose che un caposquadra deve sapere

Ogni caposquadra è tenuto a conoscere nel dettaglio una serie di particolari molto importanti del suo cliente. Stiamo parlando di informazioni legate al suo stato di salute, alle sue condizioni fisiche, alla sua vita passata e presente.

Come ho già detto nelle pagine precedenti sono tutti particolari indispensabili per poter svolgere al meglio il tuo lavoro, e questo deve essere un fatto chiaro tra te e il tuo cliente che non deve nasconderti nulla, altrimenti corre un grave rischio.

Per quanto riguarda gli aspetti prettamente medici è fondamentale conoscere le eventuali patologie esistenti e precedenti (anche se passate) del tuo cliente.

Naturalmente devi sapere anche come affrontare queste patologie in caso di malore o di peggioramento improvviso delle condizioni del tuo cliente, e di conseguenza devi conoscere anche tutti i farmaci che il tuo cliente assume regolarmente. Devi inoltre conoscere il gruppo sanguigno del tuo cliente e tutti i dettagli della sua assicurazione sanitaria privata (particolare che potremmo definire scontato per chi lavora in Paesi a rischio, ma non solo).

È importante poi sapere dove ottenere assistenza medica qualificata, per questo bisogna conoscere la posizione esatta degli ospedali e dei reparti di emergenza potenzialmente più vicini ogni volta che si prepara un percorso.

Allo stesso modo bisogna conoscere dove si trovano gli ospedali privati attrezzati con strutture di terapia intensiva. Se stai lavorando all'estero devi poi sapere come chiamare i servizi di emergenza, e le relative parole straniere per chiamare aiuto e bravi medici.

## COSE CHE OGNI MEMBRO DEL TEAM DEVE SAPERE

Ogni membro di un team di una squadra di protezione h24 deve inoltre sapere come chiamare l'assistenza immediata del medico di squadra.

Se si verificano emergenze i membri del team devono obbedire al medico di squadra senza discutere, proprio come se fosse il caposquadra.

## SCHEDA CLIENTE

Nelle pagine che seguono trovi esempi di schede da compilare per avere sotto controllo la posizione del tuo cliente, dei famigliari e dei componenti del suo staff.

# PROFILO DEL CLIENTE

*Confidenziale*

# DATI PERSONALI DEL CLIENTE

- Altezza
- Peso:
- Colore dei capelli:
- Colore degli occhi:
- Cicatrici e/o tatuaggi:
- Data di nascita:
- Stato civile:
- Orientamento sessuale[1]:
- Preferenza o denominazione religiosa:
- Affiliazioni politiche:
- Hobby:
- Eccentricità note:
- Comportamento abituale noto:
- Personalità:
- Nome ed età del coniuge:
- Nome/i ed età dei bambini:

---

[1] Nessun cliente ti parlerà dei suoi orientamenti sessuali o dei lati più nascosti o eccentrici del suo carattere, quindi queste informazioni devono essere raccolte da altre fonti. Ricorda che l'orientamento sessuale del tuo cliente di per sé non è un dato fondamentale, piuttosto devi sapere come si comporta, ovvero se scappa di notte per andare in una casa di appuntamenti, in un gay bar o in qualsiasi altro luogo in cui tu non puoi fornirgli una protezione ravvicinata.

# DATI MEDICI DEL CLIENTE

- Nome: (Nome del cliente)
- Gruppo sanguigno:
- Allergie:
- Farmaci:
- Esigenze dietetiche speciali[2]:

# HANDICAP FISICI

- Attuale stato di salute generale[3]:
- Problemi medici attuali:
- Medico del cliente:
- Il dentista del cliente:
- Il parente più prossimo del cliente:

---

[2] Le esigenze dietetiche possono essere dovute a motivi medici, ma anche a motivi religiosi o semplicemente a scelte personali.

[3] Oltre agli ovvi problemi di salute, è necessario controllare ed elencare lo stato di forma personale del cliente. È importante sapere se sarà in grado di correre o meno, se necessario.

# SOCI/CO-LAVORATORI CONOSCIUTI DEL CLIENTE4

- Nome:
- Rapporto con il cliente:
- Indirizzo
- Telefono/fax:
- Dati rilevanti:

[Ripetere questa sezione per ogni socio aggiuntivo.]

# CONOSCERE IL TUO NEMICO5

- Nome:
- Indirizzo
- Telefono/fax:
- Dati del veicolo:
- Affiliazione di gruppo:
- Altri dati pertinenti:

[Ripeti questa sezione tutte le volte che è necessario]

---

4 Questa sezione deve contenere i nomi, gli indirizzi e altri dati pertinenti relativi a collaboratori, partner commerciali, ecc., ovvero tutte quelle persone che possono avere un interesse o un ruolo che incide sull'operazione di protezione del cliente. Deve essere compilata un modulo anche per tutte le persone che viaggiano con il tuo cliente, compreso il personale di supporto, come il personale di segretaria, le tate, ecc.

5 Questa sezione dovrebbe contenere i nomi e gli indirizzi, le fotografie e altri dati pertinenti riguardanti individui, gruppi o organizzazioni, che sono noti o sospetti di rappresentare una minaccia per il cliente o i suoi famigliari.

# CONIUGE/PARTNER DEL CLIENTE

## DATI PERSONALI

- Nome:
- Altezza
- Peso:
- Colore dei capelli:
- Colore degli occhi:
- Cicatrici e/o tatuaggi:
- Data di nascita:
- Preferenza o denominazione religiosa:
- Orientamento sessuale:
- Affiliazioni politiche:
- Hobby:
- Eccentricità note:
- Comportamento abituale:
- Personalità:
- Nome/i ed età dei bambini:
- Nome del/i coniuge/i precedente/i:
- Nome del/la partner precedente/i:

# DATI MEDICI DEL CONIUGE/PARTNER DEL CLIENTE[6]

- Nome del coniuge:
- Gruppo sanguigno:
- Allergie:
- Farmaci:
- Esigenze dietetiche speciali:
- Handicap fisici:
- Attuale stato di salute generale:
- Problemi medici attuali:
- Il medico del coniuge:
- Il dentista del coniuge:

---

[6] Oltre agli ovvi problemi di salute, dovresti controllare ed elencare la forma fisica di questa persona. È importante infatti sapere se sarà in grado di correre o meno, se necessario.

# PROFILO DEI FIGLI DEL CLIENTE

## DATI PERSONALI[7]

- Nome: Peso:
- Altezza Colore degli occhi:
- Colore dei capelli:
- Cicatrici e/o tatuaggi:
- Data di nascita:
- Stato civile:
- Preferenza o denominazione religiosa:
- Orientamento sessuale:
- Affiliazioni politiche:
- Conosciute eccentricità:
- Comportamento abituale noto:
- Tratti di personalità:
- Nome/i ed età dei bambini:
- Nome del/i coniuge/i precedente/i:

[Ripeti questa sezione tutte le volte che è necessario]

---

[7] Vale sempre la pena raccogliere queste informazioni, anche se i figli del cliente potrebbero non essere presenti di norma mentre lo stai proteggendo. Il vecchio detto "quello che non sai non può farti del male" non si applica nel settore della protezione, dove anzi è sempre vero il contrario: "quello che non sai quasi certamente ti farà male!" Ricordati inoltre che i figli del tuo cliente possono avere a loro volta relazioni coniugali complesse, di cui dovresti essere a conoscenza.

# DATI MEDICI DEI BAMBINI DEL CLIENTE[8]

-
- Nome del bambino:
- Gruppo sanguigno:
- Allergie:
- Farmaci:
- Esigenze dietetiche speciali:
- Handicap fisici:
- Attuale stato di salute generale:
- Problemi medici attuali:
- Pediatra:
- Dentista infantile:

[Ripeti questa sezione tutte le volte che è necessario]

---

[8] Oltre agli ovvi problemi di salute, dovresti controllare ed elencare la forma fisica personale di questa persona. È importante sapere se sarà in grado di correre o meno se dovesse diventare necessario.

# RESIDENZA PRIMARIA/SECONDARIA DEL CLIENTE[9]

- Numero civico e via:
- Città:
- Distretto /area:
- Codice postale:
- Contea/Regione:
- Paese:

# DETTAGLI DI SICUREZZA[10]

- Nome del servizio di guardia:
- Indirizzo
- Telefono/fax:
- Nome della società di allarme:
- Indirizzo Telefono/fax:
- Nome dell'agenzia di polizia responsabile:
- Indirizzo Telefono/fax:
- Nome dell'ospedale più vicino:
- Indirizzo Telefono/fax:
- Nome dei vigili del fuoco più vicini:
- Indirizzo Telefono/fax:

---

[9] Questa sezione dovrebbe includere una fotografia aerea dell'esterno delle residenze e dei terreni del cliente, se disponibile. Dovrebbe anche includere fotografie delle residenze scattate su quattro lati. Se non sono disponibili fotografie, disegna uno schizzo dettagliato dell'esterno delle residenze e includilo nella scheda.

[10] Deve essere completata un'indagine completa per ogni residenza.

# DETTAGLI DELL'UFFICIO[11]

- Nome dell'edificio:
- Piani occupati dall'azienda del cliente/cliente:
- Indirizzo dell'ufficio:
- Occupanti di altri uffici nell'edificio[12]:
- Dettagli dei sistemi di sicurezza fisica:
- Nome del servizio di guardia:
- Indirizzo
- Telefono/fax:
- Nome della società di allarme:
- Indirizzo
- Telefono/fax:
- Dettagli dell'agenzia di polizia responsabile:
- I dettagli dell'ospedale più vicini:
- I vigili del fuoco più vicini:

---

[11] Le fotografie o le piante di questo edificio devono essere allegate a questo modulo.

[12] Se il cliente ha uffici in un edificio in cui ci sono anche altre attività, è necessario compilare i dettagli di tutte le altre organizzazioni presenti nel palazzo, compreso chi ha le chiavi, ecc. Nel caso in cui il tuo cliente utilizzi più di un edificio per uffici, ci sarà bisogno di un sopralluogo completo di ogni ufficio.

# DATI AZIENDALI DEL CLIENTE[13]

- Beni aziendali.
- Risorse
- Posizione degli impianti e degli edifici.
- Numero di dipendenti.
- Attività dell'Unione.
- Rilevamento ostile.
- Fusioni.
- Acquisizioni.
- Quotazioni azionarie/prezzi di borsa, ecc.

ALTRE INFORMAZIONI PERTINENTI

# AUTO - IMBARCAZIONE - AEROMOBILE

## AUTO[14]

- Marca:
- Modello:
- Tipo (saloon/estate/sport ecc.):
- Colore:
- Numero di registrazione
- Garage:

---

[13] Questa sezione dovrebbe contenere tutte le informazioni pertinenti riguardanti l'azienda o l'organizzazione del cliente.

[14] Compilare un modulo per ogni veicolo.

# IMBARCAZIONE[15]

- Marca: Modello:
- Tipo:
- Dimensioni:
- Dove ormeggiato:
- Nome registrato:
- Numero di registrazione
- Dettagli dell'equipaggio:

# AEREO[16]

- Marca:
- Modello:
- Anno di produzione:
- Posizione:
- Numero di registrazione/segnaletica di chiamata:
- Numero di motori:
- Capacità di posti a sedere:
- Dettagli dell'equipaggio:

---

[15] Compilare un modulo per ogni imbarcazione.

[16] Compilare un modulo per ogni aereo.

# ITINERARIO DEL CLIENTE

*Confidenziale*[17]

- Data:
- Ora uscita dall'hotel o dalla casa:
- Prima destinazione:
- Tempo di arrivo a destinazione:
- Numero di contatto telefonico:
- Scopo della visita:
- Seconda destinazione:
- Tempo dovuto a destinazione:
- Numero di contatto telefonico:
- Scopo della visita[18]:

# PIANO DI RISERVA[19]

- Destinazione finale:
- Tempo dovuto a destinazione:
- Numero di contatto telefonico:
- I tempi di percorrenza tra le località dovranno essere verificati per verificarne la fattibilità e dovranno essere preparati e studiati percorsi alternativi.

---

[17] Questa sezione dovrebbe contenere un itinerario giornaliero del VIP e di ogni membro del suo gruppo. Nel caso in cui i membri del gruppo debbano essere protetti, dovranno essere raccolti tutti i dati completi di ogni persona.

[18] Ripeti gli ultimi quattro elementi per ogni destinazione.

[19] Prepara un foglio separato per il tuo piano di emergenza.

# ITINERARIO DEL CLIENTE

*Confidenziale*

# AGGIORNAMENTO PERCORSI[20]

- Devono essere utilizzati il giorno, la data e l'ora del percorso:
- Differenze giornaliere/orarie nel flusso di traffico:
- Motivo delle differenze nei flussi di traffico, ad esempio cambiamenti di turno nelle fabbriche o folle in occasione di eventi sportivi:
- Eventi speciali, sfilate, dimostrazioni:
- Treni, ponti, ponti, gallerie:
- Sottopassaggi stradali, cavalcavia:
- Quanti incroci, semafori e segnaletica:
- Ostacoli ai marciapiedi, ad es. cassette postali:
- Costruzione in area:
- Densità degli edifici:
- Tipo di edifici, ad esempio uffici, negozi, magazzini, magazzini, edifici abbandonati:
- Finestre che si affacciano sul percorso:
- Parchi, aree boschive:
- Ospedali, altre strutture sanitarie, stazioni di polizia, caserme, vigili del fuoco, ecc.:

---

[20] Sono necessarie mappe aggiornate abbastanza grandi da poter aggiungere le proprie note. Queste note devono includere una valutazione standardizzata dei livelli di rischio.

- Indagine condotta da[21]:
- Appuntamento:

# ITINERARIO DEL CLIENTE
*Confidenziale*

# SORVEGLIANZE DEL SITO

- Le indagini di cantiere per gli edifici che il cliente deve visitare devono includere tutti i dettagli indicati alla voce "Dettagli degli edifici ad uso ufficio", nonché i seguenti elementi:
- Punti di accesso/uscita (comprese le uscite di emergenza) all'edificio.
- Punti di accesso/uscita al piano da visitare (scale, ascensori, ecc.).
- Parcheggio.
- Finestre o terrazze[22].
- Consegne (posta, corrieri, merci, ecc.).
- Manutenzione programmata (informazioni sulle imprese di manutenzione esterne, compresi i numeri di immatricolazione dei veicoli, il numero di lavoratori, ecc.). È inoltre necessario che il responsabile dell'edificio vi informi di eventuali necessità di manutenzione

---

[21] È importante sapere quando e da chi è stata condotta l'indagine, in quanto questo vi darà un'indicazione del valore dell'informazione. Mediamente le informazioni fornite dalla polizia sono più affidabili di quelle fornite dai civili.

[22] Possono essere usate da cecchini o da spie con apparecchiature elettroniche.

d'emergenza. Potrebbe trattarsi di una vera e propria emergenza, oppure no...

# ITINERARIO DEL CLIENTE

*Confidenziale*

## HOTEL[23]

- Nome dell'hotel: Indirizzo
- Telefono/fax/telex: date di visita:
- Nomi delle persone che soggiornano in hotel (VIP e OPAE):
- Posizione delle camere assegnate[24]:
- Accordi per il check-in:
- Accetteranno disposizioni speciali per la gestione delle chiamate in arrivo?
- Qualche altro VIP in hotel al momento della visita?
- Numeri interni telefonici per il personale chiave dell'hotel, ad es. direttore generale, responsabile delle prenotazioni, concierge, direttore della sicurezza, medico:

---

[23] Compilare un modulo per ogni albergo.

[24] Assicurarsi che le stanze non siano adiacenti a una sala, strutture per banchetti, ascensori, frigoriferi o altri fattori di rumore che potrebbero mascherare i suoni di eventuali aggressori in avvicinamento.

- Strutture disponibili presso l'hotel, come lavanderia, cameriere, servizio di segreteria, centro salute/fitness, salone di bellezza/barbiere, medico[25]:

# COLLOQUIO CON IL DIRETTORE DELLA SICUREZZA

- Problemi incontrati in passato (ad esempio, furti da stanze/automobili, minacce di bombe, falsi allarmi antincendio, ecc.)
- Eventuali problemi previsti durante la visita, ad esempio eventi speciali, costruzione/manutenzione, ecc.
- Numero di agenti di sicurezza in servizio.
- Armati/non armati.
- Giurisdizione di polizia.
- Tempo di risposta dell'ambulanza (necessario solo se il suo cliente soffre di qualche particolare patologia).
- Ottenere le planimetrie dell'hotel.
- L'hotel ha un generatore di riserva?

## PANORAMICA SULLA SICUREZZA

- Ingressi e uscite dell'hotel:
- Illuminazione di emergenza:
- Scale di emergenza:
- Estintori d'incendio:

---

[25] Nei paesi occidentali, basta controllare solo la valutazione delle stelle. Nei paesi in via di sviluppo dovrete informarvi accuratamente sull'idoneità di ogni singolo hotel.

- Sistema di rilevazione fumi:
- Ascensori, ispezione, capacità:
- Parcheggio:

## SORVEGLIANZA STANZA

- Numero della stanza:
- Uscita di emergenza più vicina:
- Serrature per porte - tipo:
- Serrature per finestre - tipo:
- Rilevatori di fumo/impianto di spruzzatura:
- Oggetti pericolosi:
- Porte adiacenti:
- Indagine condotta da:
- Appuntamento[26]:

## ITINERARIO DEL CLIENTE
*Confidenziale*

## RISTORANTI E RISTORANTI
[compresi i ristoranti degli hotel]
- Nome:
- Posizione:
- Ore:
- Maitre d'/manager:
- Codice d'abbigliamento:
- Pianta allegata:
- Il bagno più vicino al tavolo scelto:

---

[26] Ripetere per ogni stanza di interesse.

- L'uscita antincendio più vicina:
- Capacità di posti a sedere:
- Parcheggio:

# AEROMOBILI PRIVATI
- Data/ora:
- Aerei con base a:
- Viaggio da/per:
- Destinazione alternativa in caso di maltempo:
- Proprietario di aeromobili:
- Anno e marca dell'aereo:
- Nominativo:
- Ore totali di volo:
- Numero di ore per la manutenzione successiva:
- Carburante:
- Capacità di seduta:
- Capacità bagagli:
- Disposizione interna:
- Assistente di volo a bordo degli aerei:
- Numero di piloti necessari per pilotare un aereo:
- Nome del pilota, lavoro e numeri di telefono di casa:
- Nome, lavoro e numero di telefono di casa del copilota:
- Entrambi i piloti sono classificati per volare dal posto a sinistra?
- Se i piloti stanno passando la notte in un hotel, numeri di contatto:

# AVIAZIONE PRIVATA

- Data/ora:
- Posizione:
- Nome, indirizzo e numero di telefono dell'impianto di aviazione:
- Nome del contatto:
- Orario della struttura:
- Atterraggi notturni:
- Restrizioni sugli aeromobili:
- Lunghezza della pista:
- Sdoganamento possibile:
- Meccanici/benzina:
- Ristorante, sale riunioni:
- Parcheggio notturno
- Sicurezza aeroportuale:
- Squadre di pronto intervento in aeroporto?
- Capacità di sbrinamento/smaltimento della neve:
- Autorizzazione per il ritiro del piano di volo:
- Indagine condotta da:
- Appuntamento:

# AEROPORTI

- Nome dell'aeroporto, codice aeroporto, numero di telefono:
- Posizione dell'aeroporto:
- Classifica passeggeri giornalieri:
- Distanza dal centro città:
- Posizione delle biglietterie:
- Area per i bagagli della compagnia aerea:
- Ufficio bagagli smarriti della compagnia aerea, numero di telefono:
- Gate delle compagnia aerea:
- Club/lounge delle compagnia aerea:
- Stazione di polizia e numero di telefono:
- Strutture mediche:
- Ufficio doganale e numero di telefono:
- Ufficio informazioni:
- Cambio valuta estera:
- Strutture per riunioni:
- Taxi stand, autobus, limousine:
- Noleggio auto, nomi e numeri di telefono:
- Ponte di osservazione:
- L'hotel più vicino:
- Condizioni generali dell'aeroporto, costruzione ecc:
- Tempo concesso per il check-in:
- Tempo concesso per il recupero dei bagagli:
- Tempo concesso per lo sdoganamento:
- Mappa dell'aeroporto allegata:
- Osservazioni generali:
- Indagine condotta da:
- Appuntamento:

# COMPAGNIE AEREE COMMERCIALI

- Informazioni sulla compagnia aerea e sui voli:
- Numeri utili per contattare, ad esempio, il duty manager, il responsabile del servizio passeggeri, il club della compagnia aerea:
- Confermare le informazioni di volo:
- Riconfermare la disposizione dei posti a sedere:
- Tipo di aeromobile:
- Gli aerei provengono da dove? . .:
- L'aereo arriva all'aeroporto a che ora? . .:
- Si può telefonare a bordo dell'aereo?
- Il gate proposto e il nome del supervisore del gate:
- Disposizioni speciali per la custodia e il bagaglio a mano (ultima entrata, prima uscita):
- Sistemazione dell'imbarco, prima o ultima? . .:
- Richieste speciali (menu, attrezzature mediche, ecc.):
- Ci sono altri VIP a bordo del volo? . .:
- Richiesta di essere accolti in plane-side dal rappresentante della compagnia aerea all'arrivo:
- Ritardi anticipati (controllare gli orari)[27]:
- Backup delle informazioni di volo in caso di cancellazione..:
- Indagine condotta da:
- Appuntamento:

---

[27] Nel caso in cui si abbia una coincidenza, è meglio avere un volo di riserva anche per il volo in coincidenza. Ricordate che con i voli a lunga distanza potreste arrivare prima del previsto.

# NOLEGGIO LIMOUSINE

- Nome dell'azienda:

- Nome del proprietario/gestore:

- Anni di attività:

- Numero di veicoli in flotta:

- Riferimenti:

- Veicoli usati:

- Bagagli:

- Quanto ci vuole per avere un veicolo di riserva?

- Che tipo di attrezzatura è presente nei veicoli, ad esempio luci di lettura, telefoni, torce, estintori, ecc:

- Richiedi due set di chiavi per ogni veicolo:

- Nome, indirizzo e numero di telefono di casa del conducente[28]:

- Anni in compagnia:

---

[28] L'autista deve essere informato sulle sue responsabilità prima dell'arrivo del VIP.

# CAPITOLO 9

## IED
## (DISPOSITIVI ESPLOSIVI IMPROVVISATI)

### CHE COS'È UN ORDIGNO ESPLOSIVO?

Un ordigno esplosivo è un qualsiasi manufatto esplosivo di tipo diverso da quelli fabbricati commercialmente per uso militare. In altre parole, non è uno dei tanti ordigni esplosivi standard che si possono trovare nelle armerie delle forze armate mondiali.

Sebbene il riferimento a uno IED spesso può indicare un dispositivo realizzato da un'organizzazione terroristica, esistono anche altri casi in cui è possibile parlare di IED.

L'intero IED, compreso il materiale esplosivo in esso contenuto, potrebbe essere improvvisato, oppure il dispositivo potrebbe consistere in un gruppo di innesco o di sparo accoppiato a una carica esplosiva commerciale o militare. Creare meccanismi di innesco in maniera amatoriale è molto semplice, bastano dei pezzi di filo scoperti sistemati in modo da creare un interruttore a strappo, oppure si può basare l'innesco su componenti elettronici più sofisticati come transistor, circuiti integrati e fonti di alimentazione multiple collegati per creare un dispositivo di auto-arresto ad azione ritardata con caratteristiche anti-manipolazione.

La carica esplosiva infine può essere di tipo commerciale o militare, oppure può essere amatoriale, ovvero creata con sostanze chimiche e prodotti per la casa comunemente disponibili in commercio.

## "CHI CERCA TROVA"

Se vuoi trovare qualcosa, innanzitutto devi sapere cosa stai cercando. Quando parliamo di attività di ricerca è bene ricordare che "una cosa dall'aspetto familiare non suscita alcuna attenzione". Questo antico proverbio cinese è stato sfruttato dalla maggior parte delle organizzazioni terroristiche mondiali, abituate ormai da decenni a inserire bombe ed esplosivi all'interno di oggetti apparentemente innocui e dall'aspetto comune. In questo modo puoi star certo che soltanto un occhio molto ben addestrato potrebbe notare qualcosa di fuori posto prima del momento dell'esplosione.

Questo capitolo non ha lo scopo di insegnarti come produrre un ordigno improvvisato, né come fare per disattivarne uno. Il suo scopo è quello di renderti consapevole dei potenziali pericoli di uno IED per i tuoi clienti e per te stesso. L'obiettivo è anche quello di fornire una panoramica delle competenze di base necessarie per condurre una missione standard "Search and Locate" per quanto riguarda dispositivi IED.

Ancora una votla ti ricordo che qui non siamo al cinema, non sei Mel Gibson che dice "devo tagliare i fili rossi o quelli blu?". Purtroppo quando c'è in gioco la vita e la morte non c'è tempo per il glamour. Sappi che quando hai a che fare con uno IED non hai margine di errore. Ogni minimo sbaglio può costare la vita a te e alle persone che sono con te. Insomma, è un affare dannatamente serio.

## PERCHÉ VENGONO UTILIZZATI GLI IED

Gli IED sono stati utilizzati per portare a termine molte azioni criminali, spesso con motivazioni politiche o ideologiche. Di solito i motivi per attuare un attacco di questo tipo possono essere quello di farsi pubblicità (non c'è niente di meglio di una grande esplosione per attirare l'attenzione dei media), causare paura e confusione tra la popolazione civile, abbassare il morale di un gruppo, vendicare qualche sconfitta storica o ricordare qualche evento importante, eliminare un obiettivo specifico, forzare il bersaglio in aree mirate per poi ucciderlo con altri mezzi, intimidire un gruppo, destabilizzare degli obiettivi precisi, forzare un cambiamento nelle tecniche operative di un'organizzazione target, rendere inagibile alle forze di sicurezza o ad altro personale l'uso di un determinato terreno o edificio, ostacolare le operazioni di ricognizione delle forze dell'ordine, distruggere uno specifico complesso industriale o commerciale.

L'uso degli IED consente a un gruppo terroristico di ferire, uccidere o causare danni molto elevati, peraltro con il minimo rischio di essere scoperti o catturati. Usando un'espressione più colloquiale potremmo dirla così: "Se sei alla ricerca disperata di pubblicità, notorietà o vendetta, perché attaccare un bersaglio difficile (con tutti i rischi che un'azione del genere comporta), quando invece puoi concentrarti su un bersaglio indifeso e che ti garantisce la massima impunità?".

Ricorda un particolare molto importante: non è l'attrezzatura che utilizzi a fare di te un cercatore di esplosivi, né mai lo sarà. A tutti è capitato di vedere guardie di sicurezza in uniforme con rilevatori di esplosivi portatili in occasioni particolari (conferenze, incontri politici, manifestazioni, eccc). Tutti rilevatori molto belli da vedere e che iniziano a suonare se hai un braccialetto, ma non se nascondi con te un chilo di Semtex.

Se ne hai l'occasione prova a chiedere a un addetto alla sicurezza perché sta utilizzando quel kit. La risposta di solito è sempre la stessa: "Per rassicurare la gente facendo vedere che il livello di guardia è alto, e poi per rilevare dispositivi esplosivi portatili". Bene, hai ottenuto la risposta alla tua domanda, ma hai la certezza che se qualcuno ha nascosto un esplosivo in quel luogo un paio di giorni prima dell'evento non verrà mai trovato.

## QUALCHE SUGGERIMENTO

Prova a immedesimarti in un terrorista o in un attentatore, cerca di entrare nella sua testa e pensare come lui. Quando queste persone vogliono di uccidere un individuo, studiano prima di tutto i suoi modelli di comportamento abituali. Quindi il tuo primo compito è quello di addestrare il tuo cliente.

Ecco una serie di comportamenti da evitare nel modo più assoluto:
- Usare sempre con lo stesso veicolo.
- Usare sempre gli stessi percorsi.
- Fare sempre qualsiasi cosa alla stessa ora ogni giorno.

Quando sei alla ricerca di IED devi avere un approccio sistematico, quindi per prima cosa è indispensabile avere un sistema. Se vuoi essere coinvolto in incarichi di ricerca dunque devi partire dalla valutazione delle minacce.

Ogni gruppo terroristico tende ad avere la propria metodologia preferita per la costruzione di ordigni esplosivi, di conseguenza una volta che sai quali gruppi potrebbero essere coinvolti, avrai anche un'indicazione sul tipo di armi ed esplosivi che potrebbero utilizzare. Avrai notato che ho usato l'espressione "indicazione", così come il verbo al condizionale ("potrebbe"): non commettere l'errore potenzialmente fatale di dare tutto per scontato.

Il livello minimo di abilità di cui hai bisogno è quello che ti permette di capire cosa può essere un potenziale IED e cosa fare quando ne trovi uno. Gli strumenti come i rilevatori di esplosivi e i cani da fiuto possono essere un valido aiuto alla ricerca e devono essere utilizzati in una fase di sopralluogo, ovvero prima che possa cominciare qualsiasi attività. Se hai bisogno di supporti tecnici significa che ti trovi in una situazione ad alto rischio. In casi del genere è necessario essere altamente qualificati o avvalersi di collaboratori o consulenti altamente qualificati.

In fase di ricerca l'aspetto più importante è il cosiddetto "Mark1 Eye-Ball", ovvero la ricerca fisica in loco. Mi viene in mente il vecchio trucco dell'istruttore che chiede agli studenti che aspetto ha una bomba. Ovviamente la risposta esatta è che un ordigno può sembrare tutto tranne che una bomba tradizionale. Per questo in casi del genere la cosa più importante è capire se ci sono oggetti fuori posto, cose che non vanno o dettagli fuori luogo.

Quando stai lavorando fissa degli obiettivi realistici e cerca di fare in modo che il tuo VIP li rispetti. Cerca sempre di completare la fase di ricerca almeno un'ora prima dell'evento, e questo perché i dispositivi di cronometraggio legati agli IED spesso sono molto imprecisi.

# TRAPPOLE

La maggior parte degli IED utilizzati da gruppi terroristici possono essere classificati come trappole esplosive. In altre parole, sono progettati per attivarsi quando il bersaglio compie un'azione apparentemente innocua, come sollevare una valigetta o aprire la portiera di un'automobile. Se l'attentatore è bravo nel suo lavoro l'area circostante il dispositivo apparirà indisturbata, non ci saranno indizi evidenti (ad esempio pezzi di filo metallico, segni di effrazione, ecc.). I meccanismi saranno nascosti, camuffati o progettati in modo da assomigliare a oggetti di uso comune. Uno IED può anche assumere la forma di un ostacolo che deve essere rimosso.

Come fare allora per rilevate le trappole esplosive? La maggior parte delle trappole esplosive possono essere rilevate solo attraverso una ricerca estremamente accurata di tutte le aree e gli oggetti sospetti. Il personale che potrebbe rinvenire dispositivi di questo tipo deve essere costantemente a conoscenza della minaccia nei seguenti casi:

- Quando occupa aree contestate.
- Quando effettua ricerche sulle imprese.
- Quando rispondere alle richieste di assistenza.
- Quando sta tornando ai veicoli parcheggiati.
- Quando esegue pattuglie di routine, ecc.

Come avrai già intuito la vigilanza costante è fondamentale. Ma quali luoghi e oggetti specifici possono essere sospetti? Vediamo insieme una carrellata dei principali elementi di rischio:
- Oggetti di souvenir o di valore economico abbandonati

o apparentemente perduti

- Oggetti e ostacoli che devono essere spostati prima che un EPT possa entrare in un'area o attraversare un punto. Questo include oggetti naturali, fatti dall'uomo, veicoli e così via.

- Punti di accesso evidenti come ingressi di edifici, cancelli, recinzioni, finestre, ecc.

- Installazioni di qualsiasi tipo (edificio, bunker, deposito, ufficio, stabilimento di produzione, ecc.), soprattutto se di valore strategico, tattico, politico o psicologico per il target. Anche gli oggetti all'interno di tali luoghi devono essere sospetti.

- Vaste aree di campagne, aree di macchia suscettibili di essere utilizzate per il camuffamento, aree ombreggiate, punti di riferimento evidenti e percorsi noti. Prendi in considerazione anche le alternative più ovvie alle località delle categorie di cui sopra che possono essere utilizzate per tendere delle trappole ai più prudenti.

- Linee di comunicazione: strade, linee ferroviarie, canali di scolo, ponti, ponti, argini, tagli stradali, incroci, punti di controllo, collegamenti telefonici e radio.

- Eventi, spettacoli, esposizioni, incontri politici, incidenti stradali apparenti, scuole, ecc.

- Beni personali ed effetti personali (compresi i veicoli) di persone specifiche.

## QUALI SONO I SEGNALI DI PERICOLO DA CERCARE?

Tutto ciò che è fuori dall'ordinario o fuori posto può indicare una trappola esplosiva, o la presenza di un dispositivo a comando nelle vicinanze. Come per tutte le questioni relative alla sicurezza, non dimenticare mai che il contesto è importante. Ricorda comunque che il più delle gli indizi saranno ben nascosti. Puoi provare ad allenarti a riconoscere eventuali indizi come segni di scavi e lavori di riparazione, oggetti abbandonati privi di valore, del terreno perturbato o un lieve cedimento del terreno (soprattutto dopo la pioggia). Altri segnali che dovrebbero far alzare le tue antenne possono essere segni insoliti su muri, marciapiedi, strade, semafori stradali, ecc. (possono essere usati come indicatori di avvertimento per forze amichevoli e simpatizzanti), così come segni innaturali su alberi o vegetazione, o rami piegati o rotti, ecc. come sopra.

Non sottovalutare anche piccoli ostacoli che rallentano un percorso da compiere a piedi o all'interno di un veicolo, soprattutto se bloccano o restringono l'unica via di accesso o di transito. Anche i segni di polvere o sporcizia superficiale, o le interruzioni di continuità nella verniciatura vanno sempre considerati con attenzione, come le porte che sono aperte quando dovrebbero essere chiuse, o viceversa. Altri segnali da non sottovalutare sono la presenza di fili, corde, chiodi, pioli, ecc., soprattutto se non hanno motivo di essere dove sono, i veicoli lasciati incustoditi in luoghi insoliti, i bagagli incustoditi nelle aree di destinazione probabili, oppure la scoperta in aree vicine a luoghi sensibili di prodotti chimici e attrezzature utilizzate nelle costruzioni IED.

Preoccupati se vedi una finestra con la tenda chiusa durante le ore diurne, così come se un membro del tuo team dovesse ricevere una chiamata anonima che lo obbliga ad allontanarsi per un non meglio precisato incidente. Altri segnali di un potenziale pericolo sono gli scarichi e i tubi di scarico bloccati, il trovarsi un vicolo cieco, accorgersi di essere osservati da più persone, l'arrivo di pacco o di un pacchetto inaspettato.

Le sorprese di solito piacciono a tutti, tranne a chi lavora nel settore della protezione: nel nostro lavoro è sempre meglio non avere mai sorprese, di nessun tipo.

## TECNICHE DI RICERCA

Se il personale dell'EPT deve cercare degli IED queste ricerche devono essere pianificate e allenate in modo da ridurre al minimo il rischio per i membri del team di ricerca. Le aree di ricerca devono ricevere una valutazione prioritaria in base alla facilità con cui un eventuale terrorista può accedervi, mentre le aree pubbliche sono ovviamente quelle più ad alto rischio.

Al fine di limitare al massimo vittime o feriti in caso di esplosione di un dispositivo IED mentre si sta effettuando una ricerca, si applica sempre il principio della massima separazione. Secondo questo metodo le ricerche vengono organizzate in modo da massimizzare la distanza tra le squadre e, se si utilizzano squadre di due uomini, tra ciascun membro della squadra all'interno di una determinata area.

Da un punto di vista puramente teorico la cosa migliore è che un team di ricerca sia composta soltanto da una persona. Tuttavia, nel tentativo di ridurre i tempi di ricerca, a volte vengono impiegate squadre di due uomini. In nessun caso però si deve utilizzare una squadra di ricerca composta da più di due persone.

Se un team di due persone sta effettuando una ricerca all'interno di una stanza è possibile dividere l'area di ricerca in tre segmenti visivi:

1) Piano a livello della vita.
2) Vita a livello degli occhi.
3) Occhio al livello del soffitto.

In questo modo la stanza è divisa in due triangoli creati disegnando una linea immaginaria che attraversa il centro della stanza da un angolo all'altro.

Searcher One va direttamente all'angolo più lontano della stanza e cerca in un ideale spazio triangolare che si riduce gradualmente, lavorando dalle pareti verso l'interno in direzione del centro della stanza.

Searcher Two invece inizia al centro della stanza e lavora verso l'esterno con un'ideale area triangolare in graduale espansione.

## COSA FARE SE SI TROVA UNO IED SOSPETTO?

Qualsiasi oggetto sembri anche soltanto sospetto non va assolutamente toccato o spostato. La cosa giusta da fare in questo caso è avvisare subito le autorità competenti.

Attenzione però, il personale di sicurezza che comunica via radio deve essere consapevole del fatto che un ordigno esplosivo improvvisato basato su un detonatore elettrico è, in determinate circostanze, suscettibile di detonazione prematura causata da correnti indotte da segnali a radiofrequenza. In diverse pubblicazioni militari si consiglia una distanza minima di sicurezza di 100 metri.

## CONTROMISURE SPECIFICHE

Quando si ha a che fare con uno IED la cosa più importante è impedire al terrorista l'opportunità di mettere a segno un attentato con successo. Vanno quindi impostate delle contromisure specifiche per stroncare sul nascere un attacco di questo genere.

Il primo passo di un buon programma di sicurezza consiste nell'identificare la fonte specifica della minaccia, come ad esempio un piccolo gruppo estremista con risorse limitate, o un gruppo terroristico internazionale che gode dell'appoggio di un governo straniero. È possibile attuare contromisure adeguate soltanto se si conoscono tutta una serie di dettagli specifici.

Le misure di sicurezza attuate senza tenere conto delle caratteristiche specifiche della minaccia saranno soltanto uno spreco di tempo. Le contromisure infatti devono essere valutate, modificate, aggiornate e sostituite regolarmente. Se lasciate sempre tutto così com'è potete essere certi che prima o poi succederà l'inevitabile: il terrorista si accorgerà di una svista oppure imparerà a calcolare la vostra routine e a sfruttarla a suo vantaggio.

Per valutare il livello di minaccia è necessario informarsi il più possibile, meglio se con domande dirette.

È molto utile ad esempio chiedersi se altre persone nella stessa posizione del tuo cliente sono state vittime di attacchi terroristici di recente. In caso affermativo, in quale forma sono stati perpetrati gli attacchi, dove e quando sono stati perpetrati e se vi è stato un avvertimento o una minaccia preventiva.

È importante anche sapere se l'azienda per cui lavora il tuo cliente fa parte di un gruppo che è stato attaccato in precedenza in virtù del suo coinvolgimento in qualche prodotto, risorsa o tecnica controversa. E, ancora, questo tipo coinvolgimento provocatorio continua ad esistere? In che forma sono stati portati a segno gli attacchi precedenti? Come e quando sono stati perpetrati? Sono stati lanciati avvertimenti o minacce prima dell'attacco?

Fate anche particolare attenzione al calendario: la data dell'imminente viaggio di lavoro del tuo cliente all'estero coincide con un anniversario significativo per i terroristi?

Naturalmente devi sapere anche se la compagnia aerea di destinazione del tuo cliente è già stata attaccata in precedenza e quanto sono valide le forze di sicurezza nel paese in questione. Infine, particolare importantissimo in diverse zone del mondo, devi conoscere qual è l'atteggiamento del governo di quel paese nei confronti dei cittadini stranieri.

## RICERCHE SUI VEICOLI

- Progettazione dell'area di ricerca ai punti di controllo di sicurezza.

L'area in cui devono essere ispezionati i veicoli deve essere progettata in modo da evitare che un eventuale incidente possa avvenire con successo. I blocchi stradali temporanei, come i bidoni dell'olio vuoti o dei semplice cartelli, sono utili solo quando si deve stabilire un punto di controllo temporaneo del veicolo senza preavviso.

Anche in questo caso, però, le strisce di spuntoni stradali dovrebbero essere utilizzate il meno possibile. Per i punti di controllo permanenti, i classici check-point, le barriere che incanalano il veicolo in un punto specifico devono essere fatte in modo da rendere inutilizzabile il veicolo di un eventuale attentatore.

Le perquisizioni sotto alla carrozzeria dei veicoli non possono essere effettuate correttamente senza che il personale addetto alle perquisizioni si sporchi le mani. Il più che comprensibile desiderio di non sporcare un abito, anche se solo a livello inconscio, spesso fa sì che l'addetto alla ricerca non compia un'analisi approfondita e precisa del mezzo. Per evitare problemi fai in modo che siano sempre disponibili tutte leggere e guanti. Infine utilizza gli specchietti retrovisori quando fai ricerche intorno alle ruote solo per i controlli iniziali o sommari sotto la carrozzeria.

- Personale richiesto
Una corretta ricerca su di un veicolo prevede l'utilizzo di almeno due persone. In questo modo si risparmia tempo e, grazie al fatto che il numero di veicoli da ispezionare da parte di ogni persona è ridotto, diminuiscono le probabilità che le aree vengano trascurate o esaminate in modo superficiale.

I team di ricerca devono essere ruotati frequentemente per garantire la presenza di personale fresco e vigile. L'abitudine e la ripetitività infatti fanno sì che i membri del team di ricerca diventino poco attenti quando effettuano turni troppo lunghi. E, comunque, non dimenticare mai un dettaglio fondamentale: nella stragrande maggioranza dei casi non troverai mai nulla.

Quando organizzi un team di ricerca su un veicolo devi prevedere anche del personale di supporto nascosto per coprire l'area di ricerca nel caso in cui l'occupante o gli occupanti del veicolo cerchino di usare le armi o di schiantarsi.

- Procedura di ricerca
I conducenti devono essere obbligati a spegnere il motore e a uscire dal veicolo insieme ai passeggeri (se presenti). Nelle zone ad alto rischio, il conducente e i passeggeri devono essere sempre separati.

Il veicolo deve essere diviso in due metà, anteriore e posteriore, e a ogni membro del team deve essere assegnata una metà da ispezionare. In questo modo ti assicuri che ogni membro del team conosca perfettamente qual è l'area di sua responsabilità. Inoltre lavorando con questo metodo si elimina il rischio che qualcuno pensi che una parte del veicolo sia già stata controllata da un collega.

Ci sono poi alcune zone di un veicolo che non possono essere ispezionate, a meno che non si proceda allo smontaggio meccanico del veicolo stesso. In casi del genere possono essere molto utili attrezzature portatili per ricercare IED o esplosivi di vario tipo. Ricorda che la ricerca esterna dei veicoli deve essere avviata con un controllo hands-off supportato da specchietti retrovisori.

- Segni evidenti di manomissione
Vediamo ora una carrellata di quelli che possono essere i segni più evidenti di una manomissione, tutti segnali a cui devi prestare la massima attenzione se fai parte di un team di ricerca:

- pacchetti o fili appesi o attaccati;
- oggetti posizionati davanti, dietro o sopra alle ruote;
- oggetti che poggiano su componenti di scarico;
- oggetti all'interno del veicolo.

Dopo la ricerca iniziale, la ricerca per il controllo di sicurezza deve continuare includendo queste parti del veicolo:

- parte posteriore del paraurti;
- parte posteriore della griglia del radiatore;
- fari posteriori;
- vano motore;
- serbatoio del liquido lavavetri;
- alloggiamento del filtro dell'aria;

- area firewall;
- area del collettore di scarico;
- asse anteriore e posteriore;
- aree di sterzo, sospensioni e tiranti dei freni;
- pozzi ruota sotto i coprimozzi;
- tubo di scarico / zona silenziatore anteriore;
- pannelli a bilanciere;
- silenziatore centrale;
- sospensione posteriore/zona dei componenti del freno;
- passaruota posteriore;
- serbatoio della benzina;
- aree di valore (area sotto il corpo sotto i paraurti);
- all'interno del paraurti posteriore;
- stivale;
- ruota di scorta, che va sempre rimossa e analizzata a parte (sia nel bagagliaio che sotto il cofano);

Le aree di ricerca interne di un veicolo invece comprendono i seguenti elementi:

- glove box;
- volante e colonna vertebrale;
- zona sotto il cruscotto;
- area pedali e tappeti;
- zona sotto i sedili;
- area del tunnel di trasmissione;
- cuscini dei sedili posteriori;
- sedili posteriori (sopratutto nelle auto in affitto);
- spazio tra il montante del sedile posteriore e l'area del bagagliaio;
- luci interne e posacenere;
- schienali, cuscini e rivestimenti;

- i pannelli delle porte vanno staccati dal fondo e sollevati per esaminare la zona interna della porta.

## SICUREZZA DEI VEICOLI

Per evitare che gli IED siano posizionati sui veicoli che tu e il tuo team utilizzate abitualmente devi installare sempre allarmi di alta qualità. I garage devono essere sempre allarmati con gli stessi standard con cui viene protetta la casa.

I veicoli inoltre devono sempre essere parcheggiati in un'area sicura. Per questo motivo se sei stato costretti per qualche motivo a lasciare un veicolo in un'area non sicura prima di utilizzarlo devi effettuare una ricerca completa.

Per sigillare portiere, cofano e bagagliaio puoi utilizzare degli adesivi di sicurezza, in questo modo sarai avvertiti di eventuali tentativi di manomissione del veicolo in quelle aree specifiche.

Il personale dell'EPT che non ha famigliarità con un particolare veicolo deve scattare una serie di foto al vano motore e alla parte inferiore del mezzo, in modo da poter fare un confronto in un momento successivo, soprattutto se nascono dei sospetti in seguito a un controllo.

L'interno dei veicoli deve essere sempre tenuto libero da rifiuti, carta, scatole e altri oggetti che potrebbero essere utilizzati per nascondere un dispositivo.

## BOMBE NELLA POSTA

Non dimenticate mai che quando parliamo di un'area da verificare e controllare intendiamo anche la posta che riceve il tuo VIP e quella che ricevono i membri del tuo team. Un buon sistema per ridurre i problemi è quello di utilizzare un casella postale, il classico PO Box. Resta il fatto che comunque dovrai aprire sempre tu la posta del tuo VIP, quindi fai attenzione quando ti trovi di fronte a:

- una busta capovolta o irregolare;
- una lettera troppo pesante;
- presenza eccessiva di nastro adesivo o di corda se si tratta di un pacco voluminoso;
- eventuali distrazioni visive (timbro ufficiale o aziendale, ecc);
- presenza di fili sporgenti o stagnola;
- numero eccessivo di francobolli;
- errori o imprecisioni nell'indirizzo;
- presenza di macchie oleose o decolorazione;
- errata ortografia di parole comuni;
- contrassegni restrittivi quali "Riservato", "All'attenzione personale di..." ecc.
- timbro postale di paesi potenzialmente pericolosi;
- indirizzo stenografato;
- piccoli fori o punture di spillo, (per far fuoriuscire fumi esplosivi, spesso nascosti nel francobollo);
- odore di mandorle amare o marzapane o anche un odore profumato e mascherato.

Se hai la sensazione che il pacco o la lettera che hai ricevuto siano sospetti informa immediatamente le autorità.

## CHE FARE SE SI RICEVE LA MINACCIA DI UN ATTACCO BOMBA?

Quando un'organizzazione terroristica ricerca principalmente pubblicità tende ad avvertire con delle telefonate anonime che sta per compiere un attentato. In casi del genere di solito si ha tutto il tempo per evacuare l'edificio o l'area che ha subito la minaccia di attentato, ma non si ha abbastanza tempo per consentire alle forze di sicurezza di disarmare il dispositivo.

Di fatto tra le forze di sicurezza e le varie organizzazioni terroristiche sono stati concordati dei codici per poter distinguere immediatamente tra una minaccia reale e un semplice fake di un mitomane. Per questo motivo chi riceve la telefonata in cui si annuncia un attentato esplosivo deve annotare accuratamente su carta tutto quello che è stato detto al telefono, meglio ancora se riesce a registrare la traccia audio originale della chiamata. Esistono apposite schede su cui annotare questo tipo di chiamate, schede che dispongono anche di spazi per registrare tutte le informazioni che possono essere di aiuto nelle successive indagini delle forze dell'ordine.

In alcuni casi chi effettua la chiamata per avvertire dell'attentato si limiterà a dire semplicemente l'orario in cui il dispositivo esploderà. Chi risponde alla chiamata però deve cercare di ottenere più informazioni possibili. I due dati più importanti, ovviamente, sono quando esploderà il dispositivo e dove. Se però riusciamo a far parlare chi sta telefonando potremo ottenere molte informazioni indirette che potrebbero rivelarsi utilissime.

Una copia dell'apposita scheda per chiamate di questo tipo deve essere attaccata a un Block Notes e posizionata vicino a tutti i telefoni che hanno accesso a una linea esterna all'interno della struttura in cui temete potenziali attacchi.

Ti consiglio anche di organizzare delle esercitazioni per istruire tutto il personale a ricevere correttamente chiamate di questo tipo. L'obiettivo dell'esercitazione è quello di formare il personale e abituarlo a gestire una chiamata del genere in relazione a una serie diversa di attività:

- pronta evacuazione di tutto il personale "a rischio";
- organizzare una successiva chiamata di assistenza professionale (di polizia e militare);
- ridurre al massimo il danno potenziale.

Se una chiamata con minaccia di esplosione viene invece ricevuta in locali commerciali non ci si può aspettare efficienza e precisione da parte di chi risponde al telefono. Nonostante tutto chi ha ricevuto la chiamata dovrebbe comunque compilare una scheda dettagliata di quanto sentito, naturalmente soltanto dopo aver dato l'allarme. Il personale di sicurezza, una volta ricevuto l'allarme, provvederà all'evacuazione completa della struttura e avvertirà le forze di polizia competenti.

Il modo più semplice per evacuare una struttura senza creare panico o isterismi è quello di simulare un'esercitazione antincendio. Chi viene fatto uscire penserà quindi di partecipare a una semplice esercitazione, mentre il personale di sicurezza sarà ben consapevole del livello di minaccia in corso.

## Perimetro di sicurezza

Un ordigno esplosivo è potenzialmente pericoloso sia verso l'interno di un edificio che verso l'esterno, a causa dell'alto numero di detriti, schegge e pezzi di vetro che possono essere lanciati lontano dal luogo dell'esplosione, oltre naturalmente ai danni alla struttura vera e propria. Per questo motivo il personale evacuato deve essere trasferito in un perimetro di sicurezza distante almeno 100 metri dall'edificio a rischio. I dipendenti incaricati di coordinare l'operazione di evacuazione devono effettuare un appello nominale di tutte le persone evacuate e registrarle, per poter confermare che tutto l'edificio è stato correttamente evacuato e che tutto il personale è al sicuro.

## Scheda di Chiamata di Minaccia

Da tenere sempre vicino a ogni telefono.

Domande da fare:

- Quando esploderà la bomba?
- Dove si trova?
- Cosa la farà esplodere?
- Che aspetto ha?
- Che tipo di bomba è?
- L'hai messo tu?
- Perché volete far esplodere una bomba?
- Parola chiave fornita dall'attentatore:
- Testo integrale della telefonata (se non registrato su nastro):
- Orario della chiamata:
- Orario in cui scoppierà l'ordigno:

Caratteristiche della voce e del linguaggio del terrorista

- Maschio
- Femmina
- Accento ovattato
- Accento svedese
- Familiare noto
- Familiare camuffato
- Tono di voce calmo
- Tono di voce arrabbiato
- Tono di voce sussurrato

- Errori di pronuncia o di grammatica (specificare anche quali)
- Voce di una persona in lacrime
- Voce di una persona felice
- Tono di voce eccitato
- Voce giovane
- Voce vecchia
- Voce palesemente alterata/modificata
- Messaggio tattile
- Altri dettagli

# CAPITOLO 10

## SORVEGLIANZA ELETTRONICA
## E CONTRO SORVEGLIANZA (ECS)

Questa è una delle competenza più sottovalutate tra gli EPO, in particolare a causa dell'alta tecnologia e dell'industria multimiliardaria che si è sviluppata negli ultimi anni e di cui in parte abbiamo già parlato. La maggior parte dei professionisti della protezione sono molto diffidenti o assolutamente paranoici nei confronti della ECS. Una cosa è certa: come OPAE professionale quella dell'ECS è competenza in cui dovrai acquisire perlomeno una conoscenza di base.

L'industria ECS è oggi una delle industrie in più rapida crescita nel mondo. Ciò che un tempo era considerato e utilizzato solo da agenzie governative o da aziende internazionali, ora è disponibile a qualsiasi utente. Le apparecchiature ECS sono facilmente reperibili infatti in molti negozi specializzati, oppure basta ordinarle su internet.

Come guardia del corpo dovrai saper utilizzare questi

strumenti, prima però devi capire il significato preciso delle parole che abbiamo utilizzato finora:

Elettronica: Terminologia relativa allo sviluppo di dispositivi e circuiti elettronici.

Contro: invertita, opposta, rivale.

Sorveglianza: stretta forma di controllo o supervisione.

L'ECS dunque è una stretta forma di sorveglianza o controllo messa in atto attraverso dispositivi elettronici. Parole del genere di solito fanno venire in mente chissà quali tecnologie futuristiche, ma puoi stare tranquillo: non siamo dentro a un film di James Bond.

Quando si tratta di scoprire dispositivi nascosti, sostanzialmente il tuo lavoro è lo stesso di quello che si fa quando si cerca uno IED, solo che questa volta va localizzato un dispositivo ECS.

Qualunque sia il tuo avversario, a condizione di restare coerente con la tua analisi relativa alle minacce, puoi affidarti alla tua capacità di osservazione al tuo buon senso.

La cosa più importante da ricordare è che non ti devi fidare di nessuno, nemmeno dei membri del tuo team, in maniera particolare dei VIP. Le persone ben addestrate infatti possono ottenere informazioni da vittime completamente inconsapevoli di quello che stanno dicendo o facendo. Conosco dei professionisti "fantasma" che operano in varie parti del mondo che hanno trascorso anni in accademie di formazione per apprendere queste competenze specifiche. Ti posso garantire che sono dannatamente bravi nel loro lavoro.

Ai tempi delle vecchie guerre mondiali si diceva "anche i muri hanno orecchie", per non parlare del celebre detto fascista "taci, il nemico ti ascolta!". Beh, nessun detto è mai stato attuale come questi ai giorni nostri, dato che oggi non c'è nulla che non possa essere intercettato, copiato, fotografato, trasmesso o seguito.

Nessuno in nessun luogo può sentirsi al sicuro. La tecnologia è così avanzata che, con l'attrezzatura giusta, un ascoltatore può puntare un raggio laser sul vetro della finestra di una stanza in cui si sta parlando e decifrare la conversazione attraverso le vibrazioni del vetro. Ti posso assicurare che è così!

Se hai anche soltanto il più piccolo il sospetto che il tuo VIP sia soggetto a un'operazione di sorveglianza, devi reagire. Hai di fronte a te due opzioni. La prima è approfittare di questa situazione per far filtrare informazioni false ai tuoi nemici, la seconda invece è quella di rivolgersi a un'agenzia professionale per eliminare i bug da tutti i luoghi in cui stai operando con il tuo team. Se ci sono fondi disponibili è possibile avviare un programma completo di contro sorveglianza.

Ho già citato in precedenza il proverbio cinese secondo cui "una cosa dall'aspetto familiare non suscita alcuna attenzione". È il caso di citarlo di nuovo dato che le società di ECS hanno imparato alla perfezione questa pratica producendo trasmettitori e apparecchi di registrazione che si adattano a oggetti famigliari: calcolatrici, penne, carte di credito, spine e prese elettriche (compresi gli adattatori di rete), prese telefoniche a muro, orologi da parete e qualsiasi altra cosa possa venirti in mente. Si tratta insomma di oggetti a cui nessun presta mai attenzione all'interno della casa o dell'ufficio del tuo VIP.

Inoltre chiunque entri nella casa o nell'ufficio del tuo VIP, o che semplicemente abbia un incontro privato con lui, deve essere accuratamente controllato per verificare che non abbia addosso dispositivi di registrazione. Le valigette possono contenere sia apparecchi di registrazione che dispositivi fotografici che non possono essere visti, anche in caso di un controllo superficiale. Fai molta attenzione anche a ombrelli, spille da cravatta, distintivi da bavero e bottoni della camicia possono nascondere un piccolo microfono.

Esistono sul mercato ricevitori avanzati che captano uno o più segnali e li ritrasmettono. In questo modo la conversazione può essere ascoltata ovunque senza problemi. Di solito questi apparecchi vengono lasciati senza operatore per un periodo di tempo indefinito, a patto che siano collegati alla rete elettrica o che abbiano al loro interno una batteria abbastanza potente. Per questo motivo nel tuo kit di strumenti devi includere un rilevatore portatile a radiofrequenza. Si tratta di strumenti relativamente semplici e abbastanza efficaci da usare.

# CAPITOLO 11

## COMPETENZE AGGIUNTIVE

Un EPO professionale deve avere molte altre competenze, che potremmo definire aggiuntive o periferiche. Nelle pagine seguenti ti presenterò una carrellata delle competenze indispensabili per poter svolgere al meglio questo lavoro. Mano a mano che si procede con i compiti operativi in ambito internazionale, infatti, ti renderai conto che dovrai anche padroneggiare alcune competenze più specialistiche per svolgere al meglio i compiti che ti verranno assegnati.

### LINGUE STRANIERE

Esistono oltre 4.000 lingue e circa 20.000 dialetti in tutto il mondo. Tu quante lingue ne parli? La maggior parte di noi ne parla una sola.

Se vai all'estero, devi sempre cercare di imparare alcune parole di base del Paese che visiti. La mia esperienza personale dimostra che poche parole di base a volte possono significare la differenza tra la vita e la morte.

## ATTEGGIAMENTO

Una guardia del corpo che lavora in un team di protezione deve sempre frequentare alcune lezioni di psicologia per imparare ad avere sempre un "atteggiamento positivo". È fondamentale non solo iniziare sempre con un approccio positivo, ma anche mantenere un atteggiamento positivo nelle situazioni più difficili.

Un atteggiamento positivo per un OPAE è un bene prezioso in quanto gli consente di valutare ogni possibilità come un'opportunità. Inoltre suscita entusiasmo anche nel resto della squadra. La maggior parte delle persone sarà certamente d'accordo sul fatto che gli allenatori sportivi passano molto tempo a parlare e a porre grande enfasi sull'atteggiamento positivo e sulla sua importanza per arrivare alla vittoria.

Osserva con attenzione i membri del tuo team per capire chi ha un atteggiamento negativo. Chi si comporta in questo modo infatti può causare danni incalcolabili al morale della squadra. Per questo l'atteggiamento negativo deve essere sradicato prima che possa minare in maniera irreparabile l'intera squadra.

È importante capire che questo non significa che tutti devono andare in giro con il sorriso stampato sulla faccia totalmente ignari di tutto ciò che li circonda. Ti posso assicurare però che basta una mela marcia per rovinare tutte le altre mele presenti nel cesto. Ecco perché basterà avere nel tuo team una persona con atteggiamento negativo per rovinare lentamente anche tutti gli altri.

Questo è un problema che deve risolvere il caposquadra: se chi ha un atteggiamento negativo non capisce che deve cambiare modo di comportarsi, sarà meglio sostituirlo.

## ETICHETTA

Ogni EPO professionale ha bisogno di essere addestrato nell'etichetta e nelle abilità di protocollo. Queste abilità sono assolutamente necessarie alla guardia del corpo per evitare di fare brutte figure, e anche per evitare di mettere in imbarazzo il suo VIP.

Di solito alla base delle cosiddette buone maniere c'è il buon senso. Devi avere rispetto per le altre persone che sono con te per rendere la vita di tutti più semplice e confortevole. Quando parliamo di "galateo" intendiamo una argomento molto ampio e complesso, che tra le altre cose comprende le buone maniere di base, comportamenti da tavola, socializzare e intrattenere eventuali ospiti o persone incontrate a meeting di gala, occasioni formali, affari e galateo sportivo, codice d'abbigliamento e come rivolgersi alle persone.

Non c'è niente di più imbarazzante che non riuscire a dialogare in maniera adeguata con un'altra persona. In generale, vale la pena di ricordare che se non si è sicuri di come rivolgersi a qualcuno, utilizzare la parola "Mister" o "Madame" è sempre un'ottima soluzione. Diciamo che da un punto di vista generale devi aspettare che sia il VIP a rivolgerti la parola, quindi evita di iniziare una conversazione e limitati a rispondere.

Tuttavia, se hai intenzione di lavorare in aree che ti porteranno a contatto con politici internazionali o manager di alto livello, devi essere in grado di conoscere come dialogare correttamente con figure di questo tipo.

## ETICHETTA TELEFONICA

La cosa più importante da ricordare è che il telefono è uno strumento e come tale va considerato. Il 99,9% delle persone, purtroppo, non la pensa in questo modo. Consentono al telefono di dettare il loro stile di vita, lasciando spesso che abbia la precedenza su altre questioni importanti.

Le seguenti linee guida dovrebbero aiutare il tuo galateo telefonico:

- Se hai fatto tu la chiamata, chiedi subito se questo è il momento giusto per parlare;
- parla con chiarezza;
- ascolta attentamente quello che viene detto da chi chiama;
- prendi nota del nome di chi chiama, del numero di telefono o dell'eventuale interno;
- sii paziente e tollerante con chi chiama;
- se prometti di richiamare qualcuno, allora fallo.

Un altro punto da tenere a mente è che il telefono è spesso la prima e unica impressione che una persona ha di un'altra persona. Questo può essere un fattore importante per un professionista della protezione, che spesso ha bisogno di essere rispettato da chi sta intorno a lui. Non dimenticare che anche se il proverbio dice che non si deve giudicare un libro dalla copertina, molto spesso le persone si formano un'opinione su chi hanno davanti dopo pochi secondi, magari anche soltanto dal modo in cui parlano al telefono. Ecco perché è abbastanza scontato che essere maleducati, mentire, essere superficiali o scorbutici non è certo il modo migliore per fare buona impressione.

Ricordati che il tono della tua prima conversazione con delle persone che non conosci potrebbe influenzare le tue relazioni future.

Un altro particolare da tenere a mente è che il telefono non è un'arma: non importa quanto sei occupati, cerca di utilizzare sempre un tono di voce gentile e piacevole. È importante anche rendersi conto che telefonando a determinate ore si possono creare allarmismi nelle persone, quindi prima di chiamare rifletti sempre sull'ora a cui lo stai facendo. Di conseguenza fatti una domanda prima di telefonare: è assolutamente necessario effettuare la chiamata? Telefona solo se la risposta è sì.

Se ti trovi incastrato in una chiamata inopportuna o indesiderata puoi sempre interromperla in maniera ferma ma educata.

## BUSINESS ETIQUETTE

La Business Etiquette è fondamentalmente un codice che aiuta a regolare il comportamento delle persone in un ambiente aziendale. In qualità di Executive Protection Officer, i tuoi doveri ti porteranno spesso a contatto con il personale di vari uffici e aziende. È quindi fondamentale studiare le basi della Business Etiquette, non solo in questo paese ma anche all'estero.

Attenzione però, le competenze di Business Etiquette che si possiedono nel proprio paese potrebbero non essere sufficiente in uno scenario internazionale. Alcuni comportamenti accettabili nel tuo Paese possono essere profondamente offensivi in altre nazioni. Se vuoi lavorare in maniera professionale nel campo della protezione a livello internazionale devi assolutamente studiare la Business Etiquette internazionale in maniera approfondita.

Ti do un consiglio: non aspettare di essere chiamato per un lavoro all'estero per metterti a studiare come ci si comporta in un ambiente internazionale, potrebbe essere troppo tardi e potresti non avere il tempo per prepararti a dovere. È sempre meglio coltivare lo studio di questi argomenti in modo da crearsi un background stratificato di conoscenze da utilizzare poi al momento opportuno.

## COMUNICAZIONI RADIO

Una buona e chiara comunicazione radio rende la vita molto più facile all'EPO professionale.

Non c'è niente di più fastidioso che essere in contatto radio con un'altra guardia del corpo che non è in grado di usare l'alfabeto fonetico standard. Altrettanto frustrante è cercare di comunicare con qualcuno che ha un accento molto pesante al punto da risultare incomprensibile ai suoi colleghi. Una delle cose più irritanti in una grande operazione è la presenza di guardie del corpo che non sono abituate a comunicare via radio e, anzi, usano la radio come se stessero giocando a fare gli agenti segreti.

Addirittura c'è chi non riesce proprio a stare zitto e continua a parlare, tanto che sembra uno di quei camionisti che passa le sue giornate attaccato al CB mentre guida.

Non dimenticare che in questo lavoro non si gioca mai. Le radio sono uno strumento prezioso per la guardia del corpo e, come tutti gli strumenti, sono progettati per facilitare il tuo lavoro. Se qualcuno usa la radio per parlare a vanvera sta rendendo inutile il tuo lavoro.

La radio deve essere trattata allo stesso modo di tutte le altre comunicazioni di un professionista della protezione, ovvero in modo sicuro. Se non disponi di comunicazioni radio sicure e ordinate, corri il rischio di compromettere tutta la tua operazione. Pertanto usa la radio con saggezza, cerca di essere sempre il più chiaro possibile, non sprecare tempo e parole.

## ALFABETO STANDARD

Di seguito trovi è l'alfabeto inglese fonetico standard che è alla base delle comunicazioni radio. Prenditi del tempo per impararlo a memoria.

Il suo scopo è quello di distinguere tra molte lettere e numeri che suonano simili, ad esempio, i suoni "P", "D" e "B". Inoltre, il "9" è spesso confuso con il "5" (sembra incredibile ma ti assicuro che è così!)

# ALFABETO FONETICO NATO

A - Alfa
B - Bravo
C - Charlie
D - Delta
E - Echo
F - Foxtrot
G - Golf
H - Hotel
I - India
J - Juliett
K - Kilo
L - Lima
M - Mike
N - November
O - Oscar
P - Papa
Q - Quebec
R - Romeo
S - Sierra
T - Tango
U - Uniform
V - Victor
W - Whiskey
X - X-ray
Y - Yankee
Z - Zulu

# ALFABETO FONETICO ROYAL NAVY

A - Apples

B - Butter

C - Charlie

D - Duff

E - Edward

F - Freddy

G - George

H - Harry

I - Ink

J - Johnny

K - King

L - London

M - Monkey

N - Nuts

O - Orange

P - Pudding

Q - Queenie

R - Robert

S - Sugar

T - Tommy

U - Uncle

V - Vinegar

W - Willie

X - Xerxes

Y - Yellow

Z - Zebra

# ALFABETO FONETICO BRITANNICO (PRIMA GUERRA MONDIALE)

A - Ack
B - Beer
C - Charlie
D - Don
E - Edward
F - Freddie
G - Gee
H - Harry
I - Ink
J - Johnnie
K - King
L - London
M - Emma
N - Nuts
O - Oranges
P - Pip
Q - Queen
R - Robert
S - Esses
T - Toc
U - Uncle
V - Vic
W - William
X - X-ray
Y - Yorker
Z - Zebra

## NUMERAZIONE STANDARD

Per i numeri, la convenzione ITU di Atlantic City nel 1947 ha stabilito ufficialmente la pronuncia fonetica che trovi indicata di seguito. È tuttavia pratica comune, nelle comunicazioni internazionali, pronunciarli semplicemente in lingua inglese. In tal caso, talvolta il "9" è pronunciato "niner", per evitare confusione col "no" tedesco (nein), la cui pronuncia suona identica a nine, ovvero con "nove", in caso di cattiva ricezione radio.

1 - One / Unaone

2 - Two / Bissotwo

3 - Three / Terrathree

4 - Four-er / Kartefour

5 - Five / Pantafive

6 - Six / Soxisix

7 - Seven / Setteseven

8 - Eight / Oktoeight

9 - Nine-r / Novenine

0 - Zero / Nadazero

# CAPITOLO 12

## LA TUA SICUREZZA PERSONALE

Il tuo lavoro è quello di fornire sicurezza a livello professionale a uno o più soggetti. Sarebbe dunque una sciocchezza non prestare molta attenzione in primo luogo alla tua sicurezza, dato che la sicurezza del tuo VIP e della sua famiglia dipendono da te. Spesso infatti i gruppi terroristici utilizzano le guardie del corpo e gli agenti di sicurezza come "backdoor" per arrivare a colpire i loro obiettivi. Una volta compromesso l'EPO arrivare al VIP sarà poi soltanto una questione di tempo.

Probabilmente stai pensando di essere già in grado di badare alla tua sicurezza, ma ti posso assicurare che non è così e te renderai conto alla fine di questo capitolo.

Ricordati che se non sei in grado di garantire la tua sicurezza personale in una missione pericolosa allora non sarai di nessuna utilità per il tuo cliente. Te lo sto dicendo perché, in base alla mia esperienza, la maggior parte degli OPAE predicano bene e razzolano male. Si tratta spesso di professionisti che garantiscono un ottimo livello di protezione ai loro VIP, ma non si preoccupano poi di garantire a loro stessi il medesimo livello di protezione.

Per questo devi sviluppare un rigido regime di sicurezza personale, con un codice etico ben preciso e un piano di emergenza già strutturato. Queste linee guida devono essere definite chiaramente, controllate e aggiornate in maniera regolare. Ti consiglio di compilare un tuo registro di sicurezza personale e di consultarlo regolarmente.

## SEI UN OBIETTIVO

Le unità di intelligence della maggior parte delle organizzazioni terroristiche costruiscono profili sui loro obiettivi. Anche tu sei compreso all'interno di questi profili, non dimenticarlo mai. La sicurezza personale consiste principalmente nella consapevolezza, per questo è necessario affinare i livelli di consapevolezza, essere consapevoli di tutti e di tutto. Quindi non dare mai nulla per scontato e non fidarti di nessuno.

## COMUNICAZIONI

Tutte le tue comunicazioni dovrebbero essere basate sulla reale necessità di conoscere informazioni precise. Non dire mai una parole in più di quella che serve. Un buon OPAE è una persona che parla poco. I chiacchieroni, soprattutto quando si è in luoghi pubblici, creano un sacco di danni, la maggior parte delle volte senza nemmeno rendersene conto.

C'è solo un metodo comunicazione verbale sicuro al 100%: tenere la bocca chiusa. Devi imparare a parlare e a comunicare stando zitto, fino a che non sei in grado di farlo limitati a parlare il meno possibile.

Ascoltare una persona che parla infatti può essere un grande aiuto e una grande fonte di raccolta di informazioni, ma può anche diventare un rischio concreto per la sicurezza. Quindi si parla solo per comunicare informazioni vitali che non possono essere trasmesse in altro modo.

Purtroppo devi rassegnarti: ci sarà sempre chi aprirà la bocca a sproposito di fronte a degli estranei. Se non fosse così e tutti gli agenti di polizia, i giudici e gli investigatori privati si limitassero a fare il loro lavoro restando in silenzio, la maggior parte dei giornali non avrebbe più notizie da pubblicare. Ci sono persone che, purtroppo, quando iniziano a parlare non riescono proprio a fermarsi, e così compromettono operazioni di sicurezza ben strutturate solo perché hanno scambiato due chiacchiere con degli sconosciuti.

Da questo punto di vista i tuoi peggiori "nemici" sono i collaboratori del VIP: giardinieri, cuochi, personale addetto alle pulizie, segretari, autisti... Molto spesso infatti queste persone offrono informazioni preziosissime a sconosciuti senza nemmeno rendersene conto. Dal loro punto di vista probabilmente si tratta di cose di poco valore, addirittura inutili, ma non si rendono conto che invece stanno svelando informazioni utilissime per chi vuole colpire il tuo cliente.

Ci sono casi però in cui anche i membri dell'EPT si fanno scappare qualche informazione importante tra una chiacchiera e l'altra. Purtroppo è una circostanza che si verifica fin troppo spesso, te lo posso garantire. Di solito succede perché un EPO alle prime armi vuole fare il figo e così inizia a vantarsi raccontando al bar chi protegge e che lavoro fa. E così ancora che se ne sia reso conto si è cacciato in un brutto guaio, te lo posso garantire!

Non sai mai chi sta ascoltando quello che dici in un locale

pubblico, quindi tiene sempre la bocca chiusa. Non parlare mai del tuo lavoro e delle tue abitudini, non importa se si tratta di informazioni che ritieni superflue o inutili. Per quanto ne sai perfino il barman potrebbe essere un agente sotto copertura di un'agenzia straniera, o un affiliato a qualche associazione terrorista, o semplicemente qualcuno che arrotonda il suo stipendio vendendo informazioni al miglior offerente. Ecco perché devi sempre stare zitto su tutto quello che riguarda il tuo lavoro.

Il detto "parlare distrattamente costa delle vite" è vero ora come lo era durante la guerra. Ti prego inoltre di tenere presente che non è solo in pubblico che le comptenze persone possono ascoltarti; dovresti mantenere le tue stesse buone capacità di sicurezza al telefono, a casa e in ufficio, così come quando usi il tuo smartphone.

Non credere al venditore di telefoni cellulari che ti dice che i moderni smartphone non possono essere ascoltati, craccati o intercettati. Dipende solo dal budget a disposizione di chi controlla il tuo cliente. Solo per fare un esempio tutta la crittografia digitale della telefonia mobile ha una "back door" deliberatamente inserita nel software per consentire agli agenti fantasma del governato di intercettare quello che gli serve.

Devi adottare le stesse procedure di sicurezza per telex e fax, perché anche questi possono essere facilmente intercettati. Ricorda che per ogni elemento cosiddetto "sicuro" delle apparecchiature di comunicazione presenti sul mercato, esiste anche un dispositivo specificamente progettato per intercettarlo.

C'è una parola che devi cancellare dal tuo vocabolario, ed è la parola "fiducia". Molte persone spesso iniziano a fidarsi di chi frequentano regolarmente, ma si tratta di un errore stupido. Se ci pensi è lo stesso motivo che porta gli agenti di polizia a infiltrarsi all'interno di organizzazioni criminali: sanno che se otterranno la fiducia di queste persone poi potranno conoscere informazioni vitali per smantellare tutta l'organizzazione.

Questo discorso vale anche per i tuoi compagni di squadra: non fidarti di nessuno. Purtroppo nel nostro lavoro i nostri migliori amici sono anche i nostri peggiori nemici.

## Corrispondenza personale

Ormai dovresti essere consapevole del fatto che non esiste una comunicazione sicura. Per questo motivo, come ti ho già consigliato in precedenza, dirotta la tua posta in una casella postale anonima, casella postale di cui solo tu devi possedere le chiavi. Può sembrare una cosa ovvia ma ti assicuro che è il modo migliore per evitare che la tua corrispondenza cartacea possa essere intercettata.

Quando ricevi lettere importanti scannerizzale, inseriscile in un hard disk protetto e poi distruggile. Fai lo steso anche con la tua corrispondenza in uscita. Se utilizzi una stampante o una macchina da scrivere con un nastro in carbonio, tieni presente che il nastro contiene un'impronta indelebile di ogni carattere stampato. I dipartimenti governativi che lavorano in modo sicuro infatti rimuovono tutti i nastri da tutte le macchine da scrivere e dalle stampanti di notte e li conservano in cassaforte. Naturalmente non devi buttare mai nessun tipo di documentazione scritta nel cestino: brucia tutto o distruggilo utilizzando gli appositi macchinari trita-documenti.

Per quanto riguarda le comunicazioni online il pericolo è ancora maggiore, dato che qualsiasi dispositivo connesso in rete è potenzialmente esposto ad attacchi di ogni tipo. Per questo cripta sempre i tuoi file e conservali in modo sicuro. Quando ricevi una mail importante salvala su un hard disk protetto e che in seguito potrai scollegare da internet, poi cancellala. Non lasciare mai online tracce di nessun tipo.

Naturalmente l'hard disk che contiene le tue mail e la copia delle tue lettere deve essere protetto da password e conservato all'interno di una cassaforte a cui solo tu puoi accedere.

## LA TUA FAMIGLIA E LA TUA CASA

Quando si tratta di garantire la sicurezza della tua famiglia devi pensare ai tuoi cari come a dei perfetti sconosciuti, quindi non devono avere accesso alle informazioni classificate con cui sei a contatto ogni giorno. È imperativo dunque che i tuoi familiari non conoscano nessun dettaglio del tuo lavoro. Si tratta di garantire non solo la tua sicurezza, ma anche la loro: nel momento in cui venissero a sapere di dettagli apparentemente insignificanti potrebbero diventare obiettivi sensibili, oltre a compromettere la tua sicurezza (naturalmente in maniera del tutto inconsapevole).

Per questo motivo la tua casa deve diventare il tuo "buen retiro", un luogo in cui rinchiuderti lasciando fuori tutte le pressioni e le tensioni del tuo lavoro (ti posso assicurare che sono tante). Cerca di crearti un ambiente a prova di stress, soprattutto, se ti trovi in un Paese lontano e non sei circondato dai tuoi affetti.

Come puoi immaginare non esiste una casa sicura al 100%, quindi devi cercare di ridurre al minimo ogni possibile rischio. Per farlo inizia a inserire piccole barriere invisibili, ovvero segnali che solo tu puoi notare e che potrebbero rallentare l'attività di un possibile intruso. L'obiettivo è quello di dirottare eventuali intrusioni verso zone della tua casa in cui la minaccia troverà quello che tu vuoi che trovi, tralasciando invece le cose davvero importanti.

Se possibile, ogni barriera deve includere una sorta di sistema di allarme di emergenza che ti avvertirà di un potenziale pericolo. Questo ti darà il tempo di reagire in modo efficace.

La sicurezza della propria casa deve essere pianificata in modo professionale, con la stessa competenza e lo stesso impegno che si dedica alla pianificazione della sicurezza della casa del tuo cliente, quindi vatti a rileggere quanto ho scritto a proposito e applicalo con dedizione anche alla tua casa.

Ti ricordo comunque alcune delle contromisure che puoi mettere in campo nella sicurezza perimetrale della tua casa per ridurre al mimino i rischi per te e per la tua famiglia.

Partendo dall'esterno dell'edificio, o della tua casa, il primo compito è quello di identificare eventuali punti ciechi. Una telecamera di sorveglianza che visualizza le principali porte d'ingresso anteriori e posteriori, insieme a un sistema di interfono è un'aggiunta essenziale per la tua sicurezza. Dove possibile, devi eliminare qualsiasi arbusto o pianta dalla zona esterna della tua proprietà. In questo modo avrai una vista libera su tutto il perimetro.

L'illuminazione di sicurezza è d'obbligo. Puoi scegliere un'illuminazione costante, che però comporta un costo elevato, oppure un'illuminazione a sensori a infrarossi passivi (PIRS) e che si attiva quando qualcuno passa sotto al sensore. Si tratta di un buon compromesso tra sicurezza e costi. L'illuminazione consentirà a chi si trova all'interno della casa di vedere e identificare chiaramente chi si avvicina e, se ce ne dov'esse essere bisogno, di adottare le misure appropriate.

Per il perimetro interno è necessario installare un sistema di allarme antintrusione, inclusi i pulsanti di attacco personale e i PIR, completi di contatti per porte e finestre. L'impianto di allarme deve essere collegato a una stazione centrale costantemente monitorata, in modo da poter intervenire immediatamente se l'allarme viene attivato.

Altri dispositivi per completare i sistemi principali di sicurezza possono essere interruttori automatici per l'illuminazione, dispositivi di temporizzazione per accendere e spegnere varie apparecchiature, pellicole per vetri di sicurezza, porte di sicurezza e così via.

Ti consiglio anche di acquistare serrature di qualità per porte e finestre. Non ha senso avere un sistema di allarme e tutti gli altri extra di sicurezza se qualcuno può avere accesso immediato a casa tua attraverso una porta dotata di serrature di bassa qualità.

## OSSERVAZIONE

Ti ho già parlato di questa abilità quando abbiamo visto le varie forme di scorta e pedinamento. Ricorda che saper osservare è un'abilità che si impara, non è affatto una dote naturale come pensano in molti.

Una buona capacità di osservazione è figlia di formazione mirata e disciplinata. È necessario allenarsi per osservare oltre i normali livelli di osservazione della maggior parte delle altre persone. Come già sottolineato in precedenza l'osservazione è probabilmente l'abilità più utilizzata nella protezione Executive VIP.

Gli occhi umani sono organi notevoli: lavorano sia in condizioni di luce molto luminosa che in condizioni di scarsa luminosità. Possono vedere chiaramente gli oggetti da vicino e da lontano. Sono in grado di distinguere un'enorme varietà di colori e sfumature. L'unico problema con gli occhi umani è che non ci forniscono un arco di osservazione istantanea a

360 gradi. Quando ti trovi di fronte a qualsiasi forma di potenziale confronto, la tua visione si sintonizza sul tuo avversario immediato. Molto spesso il suo udito si orienta anche verso la minaccia immediata.

Questa riduzione della vista periferica può essere estremamente dannosa se si è di fronte a più di un nemico per questo devi esercitarti il più possibile per aumentare le tue capacità di visione periferica, soprattutto in situazione ad altro stress.

# CAPITOLO 13

## INIZIA UNA MISSIONE: COSA FARE?

Anche per te si avvicina il momento di iniziare una missione operativa. Ti senti pronto a uscire dal nido? Se hai risposto "sì" ti posso assicurare che ti stai sbagliando, perché non si è mai davvero pronti a una missione. Leggendo questo manuale hai avuto la possibilità di scoprire tante cose che io ho imparato sul campo in anni e anni di esperienza, quindi diciamo che parti già avvantaggiato.

Ma che fare quando squilla il telefono e, con un avviso di due settimane, ti viene detto che sei stato scelto per un incarico ad alto rischio (ma molto bene remunerato!) dall'altra parte del mondo? Te lo dico io cosa succede: ti viene la tremarella, perché dentro di te sai che è ora di passare davvero all'azione.

Per prima cosa devi fare i compiti a casa, ovvero la valutazione delle minacce. Internet è uno strumento molto comodo ma non sempre sufficiente per reperire le informazioni necessarie a un professionista della sicurezza, per questo è sempre bene avere una rete di contatti con altri professionisti del settore. In casi del genere possono essere un'utilissima fonte di informazioni.

Dopo aver fatto un'analisi completa dei rischi e dei benefici devi fare una valutazione onesta: solo perché ti viene offerto un lavoro molto ben pagato non significa che devi accettarlo per forza. Se, dopo esserti informato nei dettagli, decidi che il gioco vale la candela, allora fai un veloce ripasso delle tue abilità personali e del tuo equipaggiamento per vedere se è tutto in ordine o se ti manca qualcosa. A questo proposito ti consiglio di mantenerti sempre in esercizio anche quando non sei operativo, perché poi quando arriva la chiamata potresti non avere più tempo per rimetterti in forma.

Subito dopo informati sui visti e le vaccinazioni obbligatorie se ti devi recare in un paese straniero. Se decidi di portare con te le tue armi inoltre dovrai informarti sulla documentazione necessaria.

Fai sempre in modo di avere tutta la documentazione legale nel tue paese per poter viaggiare in sicurezza, soprattutto se porti con te delle armi. Meglio se sei in grado di produrre un permesso di trasporto governativo o di polizia per lo specifico paese in cui andrai a lavorare, in questo modo eviterai la stragrande maggioranza dei problemi. Ricordati che almeno una settimana prima della partenza del tuo volo, è necessario notificare alla dogana dell'aeroporto di partenza i dettagli del volo, i dettagli delle armi (nomi, marche, calibri, peso, dettagli delle munizioni). Le armi da fuoco e le munizioni devono essere conservate in due scatole separate e sicure, entrambe chiaramente identificabili con adesivi di transito. È inoltre necessario comunicare alle autorità la lunghezza, larghezza, larghezza, profondità e peso delle scatole. Anche le compagnie aeree pretendono un preavviso di almeno sette giorni per materiali di questo tipo. Ti consiglio di affidarti a un'agenzia di viaggi, meglio se specializzata nel settore, per sbrigare tutte le procedure burocratiche del caso. Attenzione a quale compagnia sceglierai per il volo: alcune compagnie infatti non permettono di imbarcare armi da fuoco sui loro voli passeggeri, imbarcano questo tipo di materiale soltanto sui voli cargo. In questo caso potresti dover attendere qualche giorno prima di ricevere il tuo bagaglio, particolare che potrebbe rallentare il tuo lavoro e rivelarsi poco piacevole. Se la compagnia con cui voli è una di queste ti consiglio di spedire il tuo bagaglio separatamente qualche giorno prima di partire, in modo da trovarlo già al suo posto quando arrivi a destinazione.

Per quanto riguarda il check-in in aeroporto dovrai espletare tutte le pratiche tipiche di viaggi aerei, attenzione però che se viaggi al di fuori dell'Europa verso zone del mondo particolarmente a rischio i controlli potrebbero essere più lunghi, e quindi è meglio presentarsi in aeroporto con largo anticipo. Ma questi sono tutti dettagli di cui verrai informato al momento di fare il biglietto.

Quando fai il check-in ti consiglio di comunicare all'addetto della compagnia aerea che viaggi per motivi professionali, specificando anche il tipo di lavoro e il particolare tipo di bagaglio che porti con te (nel caso tu non l'abbia spedito separatamente). In questo modo l'addetto informerà immediatamente la polizia aeroportuale, i funzionari addetti al trasporto doganale e gli addetti dei Servizi presenti in aeroporto.

I tuoi documenti verranno quindi controllati e le armi verificate, in modo da essere certi che tutti i dettagli che hai fornito corrispondano a verità. Dopo di che tutto verrà reimballato e imbarcato direttamente (ecco perché è sempre meglio presentarsi in aeroporto con largo anticipo).

In alcuni casi, soprattutto se stai viaggiando verso un paese che è classificato come ostile o politicamente sensibile, potresti subito un "terzo grado" dai funzionari dei Servizi presenti in aeroporto. Non preoccuparti più di tanto, è una pratica standard perfettamente comprensibile in casi del genere, tu limitati a dire la verità e non avrai nessun problema.

Se parti da un Paese occidentale verso una zona del mondo considerata politicamente sensibile verrai controllato in maniera approfondita, ovvio, ma questo è niente rispetto a quello che ti aspetta al tuo arrivo. In questi paesi infatti la burocrazia è pesantissima e lentissima, soprattutto quando si ha a che fare con le armi da fuoco. Ci sono leggi molto severe ed è davvero complicato ottenere i permessi necessari, per questo motivo devi muoverti in anticipo chiedendo la collaborazione dell'agenzia che ti ha affidato quel particolare in carico.

# CAPITOLO 14

## CONOSCI I TUOI NEMICI

### PRIMO NEMICO

Il tuo primo nemico sei tu. Non c'è cosa peggiore che sottovalutare le proprie debolezze auto-convincendosi che alla fine sono cose che non contano. Fidati, non è così. Devi sempre conoscere i tuoi punti deboli, non sottovalutarli e non fare finta di essere perfetto.

### SECONDO NEMICO

Il tuo secondo nemico sono gli altri membri della tua squadra. Li conosci bene? Sono capaci? Quali sono le loro debolezze?

### TERZO NEMICO

Il tuo terzo nemico è la tua famiglia. Se hai dei problemi a casa te li porterai anche al lavoro e questo ti renderà fragile e meno professionale perché non riuscirai a concentrarti.

## QUARTO NEMICO

Il tuo quarto nemico è il tuo VIP. È onesto con te? Ti ha detto tutto o si sta trattenendo informazioni che possono comprometterti? Spesso i VIP condividono meno informazioni di quelle che sono necessarie alla loro protezione per un motivo molto banale, ovvero per risparmiare. Meno informazioni infatti significa minor protezione e, quindi, maggior risparmio. In realtà si tratta di un risparmio stupido perché aumenta in maniera esponenziale i rischi per il VIP, ma non dimenticare che a tutti piace risparmiare.

## QUINTO NEMICO

Il tuo quinto nemico è la famiglia del tuo VIP. Senza dubbio si risentiranno dell'intrusione nella loro privacy.

## SESTO NEMICO

Il tuo sesto nemico è costituito dalle potenziali minacce, terroristi, assassini, ecc.

## SETTIMO NEMICO

Il tuo settimo nemico è la burocrazia.

## TRUST NOBODY

In conclusione posso ripeterti soltanto una cosa: non fidarti di nessuno, nemmeno di te stesso.

# CAPITOLO 15

## IL TUO CURRICULUM VITAE

In qualsiasi campo tu decida di lavorare devi avere un Curriculum Vitae (CV) di livello, mirato a enfatizzare le tue abilità. Ho già parlato in precedenza di quanto sia importante avere sempre un'immagine ordinata e professionale, quindi non puoi assolutamente tralasciare il tuo CV dato che è il tuo principale biglietto da visita.

Quando fai domanda per un nuovo contratto la prima cosa che finisce sul tavolo del tuo potenziale datore di lavoro sarà proprio il tuo CV. È molto probabile quindi che la prima impressione che si faranno di te sarà il risultato della lettura del tu CV. Esistono molto risorse online che ti possono aiutare a creare un CV professionale, risorse gratuite e a pagamento. Il problema di fondo è che sono quasi tutte orientate a professioni standard (impiegato, manager, professionista nel settore terziario, ecc.). Se vuoi lavorare in maniera professionale nel mondo della protezione quindi devi darti da fare e scrivere da solo il tuo Curriculum Vitae, oppure seguire i miei consigli.

## IL TUO CV

Cosa speri di ottenere dal tuo CV? Questa è la prima cosa che devi chiederti quando stai per iniziare a scrivere il tuo CV. Se sei convinto che basti inviare il tuo CV per ottenere un contratto infatti sei completamente fuori strada.

Quando compili un CV sono due gli obiettivi che devi prendere in considerazione:

- farlo leggere a dei professionisti;
- ottenere un colloquio.

Solo dopo aver capito questi due punti fondamentali sarai in grado di orientare il tuo lavoro in una direzione bene precisa.

Ricorda che la maggior parte delle persone pensa che compilare un CV professionale significhi scrivere nome, indirizzo, numeri di telefono, caratteristiche fisiche, esperienze pregresse e tutta la solita serie di informazioni non essenziali al tuo prossimo lavoro. Una volta realizzato il compitino in maniera standard si passa a inviare via mail (o via posta) il CV a tutte le società di sicurezza del mondo, senza nemmeno rendersi conto che molte sono chiuse ormai da diversi anni ma compaiono ancora nel vecchio database che hai trovato.

Lascia che ti dica che procedere in questo modo significa perdere tempo. In casi del genere hai una sola certezza: il tuo CV finirà cestinato per direttissima.

La maggior parte delle aziende non è interessate a ricevere curricula a meno che non sia attivamente alla ricerca di nuovo personale. Questo significa che non devi mandare nulla a chi non ti ha chiesto nulla. Magari il tuo CV è il più bello del mondo, ma se chi lo riceve non è minimamente interessato a te non lo leggerà nemmeno.

Quindi chiariamo subito una cosa: non inviare mai il tuo CV a un'azienda che non ha posizioni aperte. In questo modo stai semplicemente fornendo i tuoi dati personali a un società che non ti ha chiesto nulla e che quasi sicuramente non ha nessun bisogno di te.

Le aziende che sono attive nella ricerca di nuovi collaboratori affidano l'incarico di leggere i CV a dipendenti che devono fare altre mille cose, col risultato che non sempre chi prende in mano un curriculum ha il tempo e la concentrazione necessaria per leggerlo in maniera approfondita. Per questo motivo può rivelarsi molto utile allegare al proprio CV una lettera di presentazione, particolare che potrebbe farti ottenere un colloquio molto più facilmente che un CV iperdettagliato.

È importante che questa lettera sia lunga al massimo una facciata ma che, soprattutto, sia perfettamente in target con l'azienda che la riceve. Queso significa selezionare e scremare tra le varie agenzie per inviare la tua lettera di presentazione solo a quelle che effettivamente potrebbero trarre un vantaggio concreto dal tuo lavoro. Chiaro che, una volta identificata la società di riferimento, la lettera va personalizzata il più possibile.

## CONSIGLI PRATICI

Per quanto riguarda il curriculum vero e proprio cerca di non superare la lunghezza di una pagina: nessuno ha voglia di perdere davvero troppo tempo leggendo i curricula dei candidati, una pagina va più che bene. Ricordati che la probabilità che un curriculum venga letto per intero diminuisce del 50% se si tratta di un CV lungo due pagine, e che scende di un ulteriore 33% se il CV ha 3 o addirittura 4 pagine (in quel caso meglio non inviarlo).

Al contrario se sei capace di scrivere un lettera di presentazione curata ed efficace è probabile che poi l'esaminatore chiederà di visionare anche il tuo curriculum. Il passo successivo, se tutto va bene, sarà un incontro.

Non dimenticare mai che un potenziale datore di lavoro è inizialmente interessato solo a una serie di dettagli molto precisi, ovvero:

- la tua capacità di costituire un valore su cui marginare profitti;
- quello che puoi offrire all'azienda;
- quali vantaggi otterrà assumendo te piuttosto che una delle centinaia di altri che hanno fatto domanda;
- se ha davvero bisogno di te.

Se il tuo curriculum non affronta immediatamente questi punti, molto probabilmente non riuscirai a ottenere un colloquio.

## COSE DA FARE E DA NON FARE

Cose da fare:
- usare frasi e paragrafi brevi (nessun paragrafo di più di dieci righe);
- utilizzare dichiarazioni frastagliate;
- usare termini semplici piuttosto che espressioni complesse;
- utilizza cifre, importi, valori capaci di quantificare e rendere immediatamente visibile l'apporto che hai dato nelle tue precedenti esperienze lavorative;

- mettere le dichiarazioni più forti e a effetto in alto, spostando in basso i particolari meno prestigiosi;
- fai controllare l'ortografia, la punteggiatura e la grammatica a qualcuno con buone capacità di italiano e di inglese (do per scontato che il CV possa essere in inglese visto che la maggior parte delle società che opera nell'ambito della protezione si muove a livello internazionale).

Cose da non fare:
- includere immagini;
- elencare referenze o parenti;
- mettere il tuo curriculum in cartelle o raccoglitori di lusso o di particola pregio nel caso venga inviato in formato cartaceo;
- dimenticare di inserire il tuo numero di telefono, il prefisso, il CAP. elencare il tuo genere sessuale, il peso, lo stato di salute o altri dettagli personali;
- evidenziare eventuali problemi (divorzio, ricovero in ospedale, handicap fisici, licenziamenti traumatici, ecc);
- includere gli indirizzi dei datori di lavoro precedenti (città e regione vanno più che bene);
- includere informazioni sullo stipendio che hai percepito nelle tue precedenti occupazioni;
- includere hobby o interessi professionali o sociali, a meno che non contribuiscano chiaramente ad aumentare il valore percepito della tua capacità lavorativa per il tuo attuale obiettivo di lavoro;
- inserire valutazioni egoistiche;
- parlare troppo bene di te come se a scrivere il CV fosse stato un tuo fan.

## PROMEMORIA FINALE

Ricorda che la ragione per cui i datori di lavoro potrebbero mostrare interesse nei tuoi confronti è il valore che puoi produrre per loro. Questo valore è dimostrato da ciò che avete fatto tanto quanto da ciò che potete fare. Non perdere tempo dunque a sottolineare elementi che stanno a indicare un tuo valore potenziale.

Il tuo CV inoltre è una dimostrazione concreta delle tue capacità di gestire una comunicazione scritta, per questo è importante mettere cura e attenzione nel testo e in ogni dettaglio.

# CAPITOLO 16

## CONCLUSIONE

Come ho ripetuto in diverse occasioni nelle pagine precedenti leggere questo manuale è soltanto un primo passo per entrare nel mondo della Close Protection e della protezione in generale. Non mi stancherò mai di ripetere che si tratta di un mondo complicato e irto di difficoltà, che però può riservare grandi soddisfazioni se affrontato in maniera professionale e con l'umiltà necessaria.

Leggendo questo manuale hai avuto modo di conoscere e scoprire tante cose che io ho imparato e scoperto in una vita di lavoro, ma ti manca ancora un dettaglio fondamentale: l'esperienza sul campo. Si tratta di una cosa che nessuno ti può insegnare e che dovrai acquisire da solo, un po' alla volta, errore dopo errore.

Se hai un po' di fortuna, come è successo a me durante il mio servizio di tre anni a New York in un team di guardie del corpo di una importante donna d'affari americana, lavorerai al fianco di uomini esperti e preparati. In occasioni del genere c'è una sola cosa che puoi fare: cercare di imparare il più possibile da loro i trucchi del mestiere, perché persone di questo tipo sono rarissime, sono dei veri e propri manuali viventi.

Per l'ennesima volta ti invito a dimenticare il mito letterario o cinematografico della guardia del corpo o dell'agente segreto. La realtà dei fatti è sempre molto diversa e, purtroppo, molto più dura e difficile.

Scegliere di fare questo lavoro significa affrontare molte difficoltà, vivere in prima linea situazioni a dir poco sgradevoli, essere sottoposti a un enorme carico di stress, essere separati dai propri affetti per lunghi periodi. Insomma, pensaci due volte prima di fare una scelta di questo tipo, guarda dentro di te e cerca di capire se sei una persona giusta per una vita del genere.

Ricordati che questo non è un manuale da leggere una volta soltanto, è un testo da consultare e studiare in continuazione, perché quando si lavora nel mondo della protezione si vivono situazione diverse e imprevedibili ogni giorno. Questo significa che magari l'esperienza ti porterà ad approfondire particolari skill a discapito di altre (non preoccuparti, è normale!). Avere a disposizione un testo con cui poterti confrontare per fugare un dubbio o un imprevisto è una risorsa molto utile, approfittane più che puoi.

Col tempo imparerai a crearti un "tuo manuale", uno stile che ti contraddistinguerà e che sarà frutto della tua esperienza e dei tuoi errori. Sì, anche dei tuoi errori. Non esiste chi non commette errori, l'unico problema in questo campo è che a volte gli errori possono essere fatali (cerca quindi di non distrarti mai e di commetterne il meno possibile).

Da parte mia posso solo augurarti in bocca al lupo, ora hai tutti gli strumenti per iniziare a fare al meglio questo lavoro.

# BIBLIOGRAFIA

- A. Baldissera, *Cantare del Cid. Testo spagnolo a fronte*, Garzanti, 2003.

- Tiziano Bonazzi, *Abraham Lincoln. Un dramma americano*, Il Mulino, 2016.

- Riccardo Brizzi e Michele Marchi, *Charles De Gaulle*, Il Mulino, 2008.

- Giulio Cesare, a cura di M.P. Vigoriti, *La guerra gallica. Testo latino a fronte. Ediz. Integrale*, Newton Compton Editori, 2016.

- Jacques Chirac e Catherine Spencer, *My Life in Politics*, St. Martin's Press, 2012.

- Jonathan Clements, *The Samuari. The Way of Japan's Elite Warriors*, Robinson, 2013.

- Gavin De Becker, Tom Taylor, Jeff Marquart, Gavin de Becker, *Just two seconds*, Gavin de Becker Center for the Study and Reduction of Violence, 2008.

- Antonella Di Martino, *Napoleone Bonaparte, il Grande*, LA CASE Books, 2013.

- Gianluca Fiocco, *Togliatti, il realismo della politica. Una biografia*, Carocci Editore, 2018.

- Craig S. Fleisher e Babette Bensoussan, *Strategic and Competitive Analysis: Methods and Techniques for Analyzing Business Competition*, Pearson, 2002.

- Jan P. Herring, *Measuring the Effectiveness of Competitive Intelligence: Assessing & Communicating CI's Value to Your Organization*, Society of Competitive Intelligence Professionals, 1996.

- Richard Newbury, *Oliver Cromwell*, Claudiana, 2013.

- Richard Newbury, *La Regina Vittoria*, Claudiana, 2009.

- Donlard R. Morris, *The Washing of the Spears: The rise and fall of the Zulu nation*, Pimlico, 1965,

- Pranab Mukherjee, *The Dramatic Decade. The Indira Gandhi Years*, Rupa & Co., 2015.

- Giuliano Palazzo, *Intelligence e Security nell'attività di protezione personale*, Centro Studi J.N.Harris, 2008.

- Nicolò Pollari, *Economia e sicurezza nazionale: obiettivo di un moderno Servizio di intelligence - Seminario di Roma*, 1-2 marzo 2001, disponibile online sul sito di Gnosis - Rivista italiana di intelligence.

- Itamar Rabinovic, *Yitzhak Rabin: Soldier, Leader, Statesman*, Yale University Press, 2018.

- Ronald Reagan, *An American Life*, Threshold Editions, 2011.

- Richard J. Samuelson, *Spartaco e la rivolta dei gladiatori romani*, LA CASE Books, 2013.

- Richard J. Samuelson, *Gengis Khan, il guerriero figlio della steppa*, LA CASE Books, 2011.

- Richard J. Samuelson, *Attila, Flagellum Dei*, LA CASE Books, 2011.

- Abram N. Shulsky, Gary James Schmit, *Silent Warfare: Understanding the World of Intelligence*, Potomac Books, 2002.

- Wiki Brigades, *11 settembre: verità o bugie?*, LA CASE Books, 2011.

- Wiki Brigades e Marco Ferrandi, *Osama bin Laden*, LA CASE Books, 2012

# RINGRAZIAMENTI

Grazie a tutti i miei amici e colleghi Carlo, Charles, Enrico, Fabio, Gianluca, Giordano, Giorgio, Mark, Mauri, Naji, Paolino, Salim.

Grazie a Carlo Callegari per la sua pazienza e per il suo prezioso aiuto.

Grazie a Giacomo Brunoro e allo staff di LA CASE Books, senza di voi i miei appunti non sarebbero mai diventati un libro.

# L'AUTORE

Andrea Bordin è nato a Padova nel 1971 e da sempre lavora nell'ambito della sicurezza.

Laureato in storia nel 2009, ha conseguito il Master in Counter-Terrorism and Homeland Security presso la Columbia University di New York nel 2016. Ottiene poi le certificazioni NATO e ONU.

Ha svolto missioni in Africa, Iraq, America Centrale, India, Libano, Siria, Stati Uniti e Emirati, con ruoli di Close Protection Officer e Security Manager.

È specializzato e certificato NATO in negoziazione rilascio persone sequestrate e in prevenzione del rapimento.

Negli anni continuano le sue collaborazioni con vari paesi in ambito di Counter-Terrorism e Analisi Valutative.

È titolare inoltre della Praesidium Security Consulting Ltd, agenzia internazionale specializzata in servizi di intelligence e di protezione.

Attualmente ricopre il ruolo di International Security Manager presso una delegazione europea in Medio Oriente.

# LA CASE BOOKS

LA CASE Books è un progetto editoriale nato nel 2010 da un'idea di Jacopo Pezzan e Giacomo Brunoro.

Agli inizi del 2010 infatti Pezzan, che vive a Los Angeles, capisce che quella dell'editoria digitale non è una semplice scommessa sul futuro ma una realtà concreta.

Così quando in Italia non era ancora possibile acquistare ebook su iTunes, e Kindle Store era attivo soltanto negli USA,

LA CASE Books inizia a pubblicare ebook e audiolibri in italiano e in inglese sul mercato mondiale.

Nel 2020, per celebrare i primi dieci anni di attività della casa editrice, iniziano anche le pubblicazioni in formato cartaceo.

Oggi LA CASE Books ha un catalogo di quasi 600 titoli tra libri cartacei, ebook e audiolibri in inglese, italiano, tedesco, francese, spagnolo, russo e polacco, ed è presente in tutti i più importanti digital store internazionali.

www.lacasebooks.com

Andrea Bordin
Close Protection
Etichetta. Logistica. Protocolli. Tecniche
La guida definitiva per lavorare come CPO

ISBN 978-1-953546-98-2
1a Edizione

LA CASE Books
PO BOX 931416, Los Angeles, CA, 90093.
info@lacasebooks.com
www.lacasebooks.com

www.ingramcontent.com/pod-product-compliance
Lightning Source LLC
Chambersburg PA
CBHW061121220326
41599CB00024B/4125